本书由
中央高校建设世界一流大学（学科）
和特色发展引导专项资金
资助

中南财经政法大学"双一流"建设文库

生 | 态 | 文 | 明 | 系 | 列 |

关键资源视角下企业环保投资影响研究

倪 娟 著

中国财经出版传媒集团

中国财政经济出版社

图书在版编目（CIP）数据

关键资源视角下企业环保投资影响研究／倪娟著.
——北京：中国财政经济出版社，2019.12
（中南财经政法大学"双一流"建设文库.生态文明系列）
ISBN 978-7-5095-9414-8

Ⅰ.①关… Ⅱ.①倪… Ⅲ.①企业环境管理－环保投
资－研究 Ⅳ.①X196

中国版本图书馆 CIP 数据核字（2020）第 026362 号

责任编辑：武志庆 责任校对：徐艳丽
封面设计：陈宇琰

关键资源视角下企业环保投资影响研究
GUANJIAN ZIYUAN SHIJIAOXIA QIYE HUANBAO TOUZI YINGXIANG YANJIU

中国财政经济出版社 出版

URL：http：//www.cfeph.cn
E-mail：cfeph@cfemg.cn

（版权所有 翻印必究）

社址：北京市海淀区阜成路甲 28 号 邮政编码：100142
营销中心电话：010-88191537
北京财经印刷厂印装 各地新华书店经销
787×1092 毫米 16 开 13.25 印张 215 000 字
2019 年 12 月第 1 版 2019 年 12 月北京第 1 次印刷
定价：60.00 元
ISBN 978-7-5095-9414-8
（图书出现印装问题，本社负责调换）
本社质量投诉电话：010-88190744
打击盗版举报热线：010-88191661 QQ：2242791300

总　序

　　"中南财经政法大学'双一流'建设文库"是中南财经政法大学组织出版的系列学术丛书，是学校"双一流"建设的特色项目和重要学术成果的展现。

　　中南财经政法大学源起于1948年以邓小平为第一书记的中共中央中原局在挺进中原、解放全中国的革命烽烟中创建的中原大学。1953年，以中原大学财经学院、政法学院为基础，荟萃中南地区多所高等院校的财经、政法系科与学术精英，成立中南财经学院和中南政法学院。之后学校历经湖北大学、湖北财经专科学校、湖北财经学院、复建中南政法学院、中南财经大学的发展时期。2000年5月26日，同根同源的中南财经大学与中南政法学院合并组建"中南财经政法大学"，成为一所财经、政法"强强联合"的人文社科类高校。2005年，学校入选国家"211工程"重点建设高校；2011年，学校入选国家"985工程优势学科创新平台"项目重点建设高校；2017年，学校入选世界一流大学和一流学科（简称"双一流"）建设高校。70年来，中南财经政法大学与新中国同呼吸、共命运，奋勇投身于中华民族从自强独立走向民主富强的复兴征程，参与缔造了新中国高等财经、政法教育从创立到繁荣的学科历史。

　　"板凳要坐十年冷，文章不写一句空"，作为一所传承红色基因的人文社科大学，中南财经政法大学将范文澜和潘梓年等前贤们坚守的马克思主义革命学风和严谨务实的学术品格内化为学术文化基因。学校继承优良学术传统，深入推进师德师风建设，改革完善人才引育机制，营造风清气正的学术氛围，为人才辈出提供良好的学术环境。入选"双一流"建设高校，是党和国家对学校70年办学历史、办学成就和办学特色的充分认可。"中南大"人不忘初心，牢记使命，以立德树人为根本，以"中国特色、世界一流"为核心，坚持内涵发展，"双一流"建设取得显著进步：学科体系不断健全，人才体系初步成型，师资队伍不断壮大，研究水平和创新能力不断提高，现代大学治理体系不断完善，国际交流合作优化升级，综合实力和核心竞争力显著提升，为在 2048 年建校百年时，实现主干学科跻身世界一流学科行列的发展愿景打下了坚实根基。

"当代中国正经历着我国历史上最为广泛而深刻的社会变革，也正在进行着人类历史上最为宏大而独特的实践创新"，"这是一个需要理论而且一定能够产生理论的时代，这是一个需要思想而且一定能够产生思想的时代"①。坚持和发展中国特色社会主义，统筹推进"五位一体"总体布局和协调推进"四个全面"战略布局，实现"两个一百年"奋斗目标、实现中华民族伟大复兴的中国梦，需要构建中国特色哲学社会科学体系。市场经济就是法治经济，法学和经济学是哲学社会科学的重要支撑学科，是新时代构建中国特色哲学社会科学体系的着力点、着重点。法学与经济学交叉融合成为哲学社会科学创新发展的重要动力，也为塑造中国学术自主性提供了重大机遇。学校坚持财经政法融通的办学定位和学科学术发展战略，"双一流"建设以来，以"法与经济学科群"为引领，以构建中国特色法学和经济学学科、学术、话语体系为己任，立足新时代中国特色社会主义伟大实践，发掘中国传统经济思想、法律文化智慧，提炼中国经济发展与法治实践经验，推动马克思主义法学和经济学中国化、现代化、国际化，产出了一批高质量的研究成果，"中南财经政法大学'双一流'建设文库"即为其中部分学术成果的展现。

文库首批遴选、出版二百余册专著，以区域发展、长江经济带、"一带一路"、创新治理、中国经济发展、贸易冲突、全球治理、数字经济、文化传承、生态文明等十个主题系列呈现，通过问题导向、概念共享，探寻中华文明生生不息的内在复杂性与合理性，阐释新时代中国经济、法治成就与自信，展望人类命运共同体构建过程中所呈现的新生态体系，为解决全球经济、法治问题提供创新性思路和方案，进一步促进财经政法融合发展、范式更新。本文库的著者有德高望重的学科开拓者、奠基人，有风华正茂的学术带头人和领军人物，亦有崭露头角的青年一代，老中青学者秉持家国情怀，述学立论、建言献策，彰显"中南大"经世济民的学术底蕴和薪火相传的人才体系。放眼未来、走向世界，我们以习近平新时代中国特色社会主义思想为指导，砥砺前行，凝心聚

---

① 习近平：《在哲学社会科学工作座谈会上的讲话》，2016 年 5 月 17 日。

力推进"双一流"加快建设、特色建设、高质量建设，开创"中南学派"，以中国理论、中国实践引领法学和经济学研究的国际前沿，为世界经济发展、法治建设做出卓越贡献。为此，我们将积极回应社会发展出现的新问题、新趋势，不断推出新的主题系列，以增强文库的开放性和丰富性。

"中南财经政法大学'双一流'建设文库"的出版工作是一个系统工程，它的推进得到相关学院和出版单位的鼎力支持，学者们精益求精、数易其稿，付出极大辛劳。在此，我们向所有作者以及参与编纂工作的同志们致以诚挚的谢意！

因时间所囿，不妥之处还恳请广大读者和同行包涵、指正！

中南财经政法大学校长

序

　　党的十九大以来，习总书记多次在重要讲话和重要会议中，阐述绿色发展和高质量发展的重要性。环境保护问题受到了前所未有的关注，改革开放以来，中国经济高速发展，取得了举世瞩目的成就，但产生的环境污染和资源消耗问题也不容小觑，在环境污染方面以碳排放为主的空气污染、废水污染以及固体废弃物污染居世界首位，在资源消耗层面，中国自 2009 年起已经成为第一大能源消耗国。恶劣的生态环境严重制约着中国经济的可持续发展。因此，实现经济的绿色发展，兼顾经济发展和环境保护是现阶段我国经济社会发展的重要目标。企业作为环境污染产生和治理的行为主体，研究其污染治理行为的影响具有重要的现实意义，是理论和实务界关注的重要话题之一。

　　本书从微观企业层面出发，以企业的环境治理行为为研究主体，考察其影响因素，选取了企业环保投资作为被解释变量，以及政治关联这一现今很多企业的关键资源作为解释变量，采用文献研究与实证研究相结合的方法，以"关键资源－企业环保投资"为研究主线，联系地区环境规制强度与区域经济发展条件，探析政治关联对民营企业环保投资的影响及作用机制。研究发现：政治关联可以帮助民营企业获得更多环保补助，促进民营企业扩大环保投资规模；地区环境规则对民营企业政治关联与环保投资之间具有"倒 U 形"调节效应；差异化的区域经济发展水平能够显著影响民营企业政治关联与其环保投资之间的关系。

　　本书的选题和研究结论具有很强的理论意义和现实意义，理论意义如下：第一，将环保投资细分为资本化和费用化的环保投资，丰富了环保投资方面的文献；第二，对微观民营企业环保投资影响因素的研究，不仅拓宽了企业环保投资影响因素的研究领域，还丰富了政治关联经济后果的研究成果，整体看来从理论上扩展了环境会计的研究视野；第三，考察在不同环境规制强度以及差异化区域经济发展状况下政治关联对民营企业环保投资的影响，这将进一步丰富和完善政治关联影响企业环保投资的理论研究框架。现实意义在于：第一，在企业层面，不仅有利于指导企业与政府建立健康和谐的联系，还有利于启示企业主动承担环境治理责任加大环保投入；第二，在政府层面，有利于地方政府发挥宏观调控作用，制定合理的宏观调控机制，鼓励并引导民营企业进行环保投资，提升民营企业环保投资水平。

最后，本书受到中南财经政法大学中央高校基本科研业务费专项资金资助（109/31721910902）。

前　言

改革开放 40 余年来，中国经济飞速发展，取得了举世瞩目的成就。但是在经济高速发展的过程中，环境污染、资源耗竭和生态破坏问题日益严重，这些问题已经成为严重制约我国经济可持续发展、危害人类健康生存的重大问题。因此，如何有效保护自然资源与生态环境，是我国社会经济发展与实现"中国梦"所面临的最迫切问题之一，也是理论界与实务界共同关注的重要话题。

企业作为社会经济活动中的重要主体，在促进经济发展方面具有重要作用，同时，企业又是环境污染的主要制造者，理当担负起污染治理与环境保护的主体责任，促进经济与环境的协调发展。但是，由于环境资源的公共物品属性和环境污染的负外部性，加之环保投资具有资金占用量大、投资周期长、经济效益低等特点，多数企业往往没有主动进行环保投资和污染治理的意愿。因此，政府需要通过"有形之手"进行环境管制，以解决环境保护方面存在的市场失灵。在这种情况下，企业成为政府环境规制政策实施的重要对象，政府的环境保护措施需要通过企业这一中间载体进行传导，而企业则通过具体的环保投资行为使政府的环境政策得以实施。政治关联是政府与企业关系的具体化，也是企业的关键资源之一。由于企业政治关联现象的广泛存在，政府和企业之间的环保投资行为决策机制与传导过程就成为一个值得深入探讨的问题。

目前，无论是对政治关联还是环保投资，学者们都已经发表了大量的研究成果，极大地拓展了这两个领域的研究深度和广度。但是，将政治关联与企业环保投资行为相结合起来进行研究的文献却很少，并且，环保投资方面已有的研究成果主要侧重于以政府为主导的政府环保投资或行业环保投资，而基于微观企业主体层面数据的相关实证研究较少。因此，本书以微观民营企业为对象，研究政治关联这一企业关键资源与企业环保投资行为之间的关联关系，具有重要的理论意义与实践意义。从理论上看，本书基于微观层面的民营企业数据对企业环保投资与政治关联之间的关系进行研究，考察在不同环境规制强度条件和差异化区域经济发展状况下政治关联对企业环保投资的影响，这将进一步完善政治关联影响企业环保投资的理论分析框架；从实践方面看，通过研究政治关联对民营企业环保投资行为的影响及作用机制，可以为推动政府与民营企业之间建立健康、良性的政企关系提供有益的指导，也可以为政府制定和完善相应的环境管制政策，有效发挥政府"有形之手"的作用，正确引导企业进行环保投资提供重要依据。

本书运用环境经济学、政治经济学以及会计学与财务学等多学科知识，通过实证研究与规范研究相结合的方法，主要探讨了以下三个问题：一是政治关联对民营企业环保投资的影响及作用机制，重点分析政府环保补助在其中发挥的作用，并深入分析不同高管层级的政治关联与不同政府层级的政治关联对民营企业环保投资的影响；二是在不同环境规制强度下，政治关联如何影响民营企业环保投资。本书采用多种方法衡量地区环境规制强度，实证检验环境规制强度对民营企业环保投资的影响，并重点检验了环境规制对政治关联与民营企业环保投资关系的调节效应；三是在差异化区域经济发展水平条件下，政治关联与民营企业环保投资之间的关系，重点考察政治关联对民营企业环保投资规模影响的变动情况。

本书的主要研究结论是：

第一，我国企业环保投资呈增长趋势但规模总量相对较小。2008—2015 年我国重污染行业上市公司的环保投资总额基本保持了增长态势，但规模总量仍相对较小。对民营企业而言，这种现象显得更为突出。民营企业环保投资虽然在研究期内也保持了增长态势，但体量更加微小，而且，民营企业的环保投资更多的是环保费用方面的表面性支出，涉及环保设备更新、技术升级方面的资本化环保支出规模更小。可见，民营企业在环保投资方面的表现欠佳，在生态文明建设的大潮中它们应该反思并以实际行动去承担更多的环保责任。

第二，政治关联可以促进民营企业扩大环保投资规模。通过实证检验发现，具有政治关联的民营企业环保投资规模要比不具有政治关联的民营企业环保投资规模更高，即政治关联有助于民营企业扩大环保投资规模。从环保投资的资金来源看，具有政治关联的民营企业费用化的环保投资增加更为显著，资本化的环保投资增加相对较小。另外，具有中央政治关联的民营企业对中央政府的环保意图和决策领会更深，更加倾向于执行并落实国家的环保要求，承担更多的环保责任；而具有地方政治关联的民营企业有时候会与地方政府达成某种默契，迎合地方政府追求经济政绩的需要，在执行环保政策上"睁一只眼闭一只眼"，从而在一定程度上削弱了环保投资力度。

第三，政治关联可以帮助民营企业获取更多的政府环保补助，从而会进一步增加企业环保投资。与政府建立"关联"确实可以帮助民营企业获得更多的政府环保补助，尤其是董事长和CEO的政治关联发挥了主要作用。并且，民营企业获得的政府环保补助更多地来源于地方政治关联，中央政治关联在整体上并没有带来民营企业政府环保补助的显著增加。

第四，地区环境规制对政治关联与民营企业环保投资之间的关系具有倒U形的调节效应。环境规制强度与民营企业环保投资规模正相关，环境规制约束越强，民营企业的环保投资规模越大。同时，地区环境规制强度会改变民营企业政治关联与其环保投资原有的线性关系。本书通过实证检验发现，存在一个环境规制强度的临界值使民营企业政治关联对其环保投资的影响呈倒U形分布。即：当地区环境规制强度低于某个临界值时，随着环境规制强度的上升，民营企业政治关联有助于促进其环保投资规模的增加；当地区环境规制强度突破该临界值后，环境规制强度越高，民营企业的政治关联反而不利于企业环保投资规模的扩大。

第五，差异化的区域经济发展条件能够显著影响民营企业政治关联与其环保投资之间的关系。经济发展水平越高的地区其企业环保投资规模也越大，经济发展水平较低的地区企业环保投资规模则相对较小。本书实证研究发现，在差异化的区域经济发展条件下，民营企业的政治关联对其环保投资的影响受到了显著的负向冲击。也就是说，在经济发展水平较高的地区，具有政治关联的民营企业可以显著而且幅度较大地增加环保投资，而在经济发展水平较低的地区，民营企业政治关联对环保投资规模的积极促进效应会出现比较明显的下滑，导致企业环保投资规模增加的幅度有限，在极端情况下，甚至可能造成企业环保投资规模的萎缩。

本书的研究贡献主要体现在以下几个方面：

第一，丰富了企业环保投资影响因素及政治关联经济后果的研究文献。一方面，本书从政治关联角度出发，对企业环保投资影响因素领域的研究成果进行了有益补充；另一方面，本书也为检验政治关联对环境治理产生的影响做了积极的尝试，便于更加全面地理解政治关联对企业经营决策的影响。

第二，在探讨政治关联这一企业关键资源对民营企业环保投资的影响与作用机制时，将政府环保补助纳入研究框架，完善了这一问题的研究路线。同时，本书将企业环保投资具体细分为资本化的环保投资与费用化的环保投资，以更好地理解民营企业在面对政府的环保压力时所采取的应对策略。

第三，将政治关联现象细分为"有无政治关联"和"政治关联强弱"，并探讨了不同政府层级的政治关联和不同高管层级的政治关联对民营企业环保投资的影响。本书从多个维度刻画民营企业政治关联以及强度，进一步厘清了政治关联的边界。

第四，综合考虑了地区环境规制强度与地区经济发展压力对政治关联和民营企业环保投资关系的外部调节效应，为更好地发挥政府在促进企业加大环保投资力度方面的"有形之手"的作用提供了直接的经验依据。

目　录

第1章 导 论

1.1 选题背景、研究目的与意义

1.1.1 选题背景

自 1978 年实行改革开放以来，中国经济发展取得了令世界瞩目的成绩。根据国家统计局公布的数据，中国国内生产总值（GDP）已经从 1978 年的 3679 亿元增长到 2016 年的 743585 亿元[①]，按可比价计算的年均增速超过 9.5%，占世界 GDP 的比重由 1.8% 跃升至 14.84%。然而，必须引起注意的是，中国过去 40 年的发展缺乏全面可持续的长远发展规划，仅仅关注经济增长的速度而忽视了经济增长的质量，依靠高能耗、高污染的方式拉动经济增长。因此，中国虽然取得了经济发展的重大突破，但是却付出了牺牲资源与环境的沉重代价，自然资源消耗过度，环境污染日益严重，环境质量不断恶化。环境保护部环境规划院公布的《中国环境经济核算研究报告 2013》中显示，2013 年全国环境退化成本和生态破坏损失合计高达 20547.9 亿元，比 2012 年增加 13.5%，约占当年 GDP 的 3.3%[②]，这一数字甚至远远高于当年科技研发支出占 GDP 的比重（2%）。放眼国际，《全球环境竞争力报告（2015）》绿皮书显示，2014 年，中国环境竞争力在全球 133 个国家中排名第 85 位[③]，处于中下游水平，环境状况令人堪忧。聚焦国内，环境保护部公布的 2016 年《中国环境状况公报》中显

[①] 数据来源于国家统计局网站 http：//www. stats. gov. cn/tjsj/ndsj/2017/indexch. htm。
[②] 数据来源于中华网 http：//finance. china. com/news/11173316/20170802/31027882_all. html。
[③] 数据来源于大众网 http：//www. dzwww. com/xinwen/guojixinwen/201602/t20160227_13896921. htm。

示，在全国 338 个地级以上城市开展空气质量新标准监测的结果中，环境空气质量达标的城市仅有 84 个，占比 24.9%[①]，环境问题引发的群体性事件以年均29% 的速度递增[②]。环境质量问题已经严重危及人民生活健康和地区社会稳定。

面对国内日益严峻的环境问题，社会各界已经基本达成共识。党的十九大报告勾画了新时代我国生态文明建设的宏伟蓝图和实现美丽中国的战略路径，要求到 2035 年基本实现美丽中国目标，并对生态文明建设和环境保护提出一系列新目标、新部署、新要求。因此，政府必须充分考虑国内民众对优良环境质量的渴望，承担起环境治理和保护的责任。进入 21 世纪，国家用于环境污染治理的财政支出规模不断增加，从 2001 年的 1166.7 亿元增加到 2015 年 8806.4 亿元，占 GDP 比重也从 1.06% 上升至 1.28%[③]。除了在环保财政投资方面下功夫，政府在环保新政的推行方面同样不遗余力。2013 年 9 月，国务院印发实施《大气污染防治行动计划》，提出构建以环境质量改善为核心的目标责任考核体系，并对政府官员考核实施环境质量改善绩效"一票否决"。2015 年 1 月，全国正式实施堪称"史上最严"的《中华人民共和国环境保护法》，首次规定"按日计罚"的严厉措施。2016 年 1 月，新修订的《中华人民共和国大气污染防治法》正式实施，取消了大气污染事故罚款 50 万元的上限额度，变为按倍数计罚与按日计罚。2016 年 12 月，《"十三五"生态环境保护规划》正式发布，提出涉及环境质量的 8 项约束性指标，这是环境保护方面的指标首次成为国家五年规划的约束性指标。此外，2016 年 12 月 25 日，《中华人民共和国环境保护税法》在第十二届全国人大常委会第二十五次会议中获得表决通过，并于 2018 年 1 月 1日起施行。该法是我国第一部推进生态文明建设且专门体现"绿色税制"的单行税法。由此可以看出，为了加强环境保护、改善环境质量，国家从顶层规划方针的设计，到法律法规的制定，再到政策措施的出台，环环紧扣，生态环境保护已经逐步成为国家意志。

目前，政府环保财政支出仍是我国环保投资的主要资金来源，其次是污染企业为了控制污染或避免污染导致的法律成本而被动进行的环境保护或治理投入。然而数据显示，超过 80% 的环境污染物来源于企业（沈红波等，2012），

---

① 数据来源于环保部网站 http://www.zhb.gov.cn/hjzl/zghjzkgb/lnzghjzkgb/。
② 数据来源于搜狐网 http://news.sohu.com/20130107/n362709196.shtml。
③ 根据《中国统计年鉴 2016》和《中国环境统计年鉴 2016》相关统计数据计算得到。

根据"谁污染，谁治理"的原则，环境污染治理投资的大部分应当来源于企业而不是政府（原毅军和孔繁彬，2015）。事实上，企业环保投资在发达国家生态环境保护中所发挥的作用远远高于国内。据统计资料显示，过去 20 多年，美国政府的环保财政支出占全部环保投资的比例稳定在 20%—30%，企业的环保投资约占 60%—70%，剩余部分为个人环保支出[①]。虽然美国政府的环保财政支出比重较低，但有效保障了环保基础设施的完备，而企业的环保投入是美国环境保护资金来源的主要部分，这有助于企业环保技术创新和管理完善。

企业作为社会经济活动中的重要主体，在促进经济发展方面具有重要作用，同时，企业又是环境污染的主要制造者，应当担负起污染治理与环境保护的主体责任，并在促进经济与环境的协调发展中发挥举足轻重的作用。虽然我国的产业结构正在逐步向服务化过渡，但工业仍然占有重要地位，工业企业数量众多、规模庞大，其中，大部分属于可能对自然环境产生较大影响的行业，这些企业的环保投资决策对全国环境保护事业具有重大影响。因此，理论上而言，管理层在制订企业长期发展战略时，需要兼顾企业环境责任，将环境保护与资源节约融入到企业的生产、经营策略和活动之中。但是，在现实中许多企业对其应承担的环保责任并没有深刻的认知，甚至视而不见，一味追求短期经济效益，在面对政府制定的各种环境保护政策，以及来自媒体、消费者和学界等的环保呐喊时，这些企业也往往心存侥幸，消极应对或刻意逃避。正是这种短视行为与侥幸心理导致了一次又一次重大环境事故的发生，不仅给企业带来毁灭性的打击，也给整个社会造成了巨大的损失。鉴于我国目前所面临的环境问题已经非常尖锐，同时，企业作为环境问题产生和解决的最重要行为主体，单纯依靠政府财政资金已经无法妥善解决日益突出的环保投资需求。特别是在市场经济飞速发展的过程中，民营企业在国民经济中所占比重越来越大，地位也越来越重要，但民营企业在环境责任履行方面的表现还存在很大的提升空间，因此，如何有效驱动民营企业加大环保投资已经成为学术界和实务界共同关注的重要话题。

近年来，企业环保违规事件甚至环保丑闻频频发生。2013 年，环境保护部公布了 72 家超标排放的企业环保"黑榜"，名单中的企业大都隶属钢铁、造纸、

---

① 数据来源于中商情报网 http://www.askci.com/news/chanye/2014/09/23/14025bntj.shtml。

煤炭、火电等传统高污染行业，且不乏一些知名的上市公司[①]。面对屡屡发生的企业环境污染事故，政府环境监管部门虽然多次做出处罚和管制决定，但是并没有取得应有的环境治理成效，"下一次"环境污染事故依然接踵而至。当人们试图寻找导致企业（特别是上市公司）环境污染事故频发的深层原因时，发现存在着这样一种现象：部分上市公司的高管与政府之间存在密切联系（Fan et al.，2007；刘慧龙等，2010；姚圣和梁昊天，2015）。以紫金矿业为例，该公司的副董事长、副总裁以及多名独立董事均拥有政府部门工作背景[②]，政府副县长进入企业转换角色成为企业的监事长，而后又返回政府担任要职。在我国，与紫金矿业类似的企业还有很多，这些企业的高管与政府官员之间存在着千丝万缕的联系，政府与企业间的利益联盟长期存在于市场中（孙早和刘坤，2012）。目前，与政府建立密切关联，仍是我国许多企业重要的经营战略，尤其是民营企业在政策上缺乏稳定支持，难以通过常规的方式成长，而政治关联能够起到部分替代法律的保护作用，因此，寻求政治关联备受民营企业的追捧。但政治关联在民营企业发展中的作用随着制度环境的变化越来越复杂，它在帮助企业获取稀缺资源的同时，也会给企业带来制度压力与社会成本。那么，在生态环境日益受到重视的今天，民营企业与政府之间的联系到底会对企业的环境行为决策产生怎样的影响呢？对这一问题进行研究，不仅是面对当前严峻环境形势的迫切选择，也是响应民众环境诉求的必要选择。

1.1.2　研究目的与意义

1.1.2.1　研究目的

本书选取我国 A 股重污染行业上市民营企业作为研究样本，以"关键资源—企业环保投资"为研究主线，重点考察企业的政治关联资源，并整合地区环境规制强度与区域经济发展条件，探索政治关联对民营企业环保投资的影响及作用机制。本书拟着重解决以下几个方面的问题：（1）政治关联如何对民营企业环保投资规模产生影响？政府环保补助在其中发挥了什么样的作用？不同高管层级的政治关联与不同政府层级的政治关联对民营企业环保投资规模的影响是否不同？（2）不同环境规制强度下，政治关联如何影响民营企业环保投资

---

① 资料信息来自新华网 http://www.xinhuanet.com/energy/zt/nyxgc/01.htm。
② 详细信息参考新浪网 http://news.sina.com.cn/c/2010-07-20/031117830713s.shtml。

规模?（3）差异化区域经济发展水平下，政治关联与民营企业环保投资规模之间的关系将发生怎样的变化?

1.1.2.2　研究意义

（1）理论意义。通过梳理既有研究文献，本书发现少有学者关注和探讨政治关联对企业环境行为决策的影响这一问题。鉴于民营企业政治关联在现实中广泛存在，那么，从理论上去探究政治关联对企业环保投资的影响和发生作用的深层机制就十分必要，这也正是当前学术界在该领域研究中亟需完善的地方。因此，本书的研究具有重要的理论意义。

首先，本书从微观层面的民营企业数据出发，对政治关联和企业环保投资之间的关系进行研究，这既是对政治关联经济后果研究领域的有益补充，同时也丰富了企业环保投资影响因素的研究成果，从理论上扩展了环境会计的研究视野。

其次，本书在探究政治关联对民营企业环保投资规模所产生的影响时，同时考察在不同环境规制强度以及差异化区域经济发展状况下政治关联对民营企业环保投资的影响，这将进一步丰富和完善政治关联影响企业环保投资的理论研究框架。

（2）现实意义。在"既要金山银山，又要绿水青山"的发展背景下，政府通过政治关联媒介，既有可能督促民营企业扩大环保投资规模，积极响应"绿水青山"，也有可能更加追求"金山银山"，从而放松对民营企业增加环保投资的要求。政治关联是一个情境性极强的概念，在不同情境下所发挥的作用可能会全然不同，厘清政治关联对民营企业环保投资所产生的具体影响，同样具有十分重要的现实意义。

首先，企业微观角度看，通过研究政治关联对民营企业环保投资规模的影响及作用机制，可以为民营企业与政府建立健康、良性的关系提供有益指导。

其次，从政府宏观层面看，通过政府与企业间形成的关系视角，对政治关联与民营企业环保投资间关联进行研究，从而为更好地发挥政府"有形之手"的作用提供直接的经验依据，为政府制定和完善相应的环境管制政策、正确引导企业进行环保投资提供重要参考。

1.2 研究思路、内容与方法

1.2.1 研究思路

针对上文提及的企业政治关联现象，学术界已有部分研究对其理论机制进行了初步探讨。

一方面，我国传统以GDP为核心的官员考核方式导致地方政府官员为了政治晋升而进行政绩锦标赛（周黎安，2007），过分注重GDP成绩单，而忽视对生态环境的保护。企业作为地区经济的重要参与者，贡献了当地经济增长和财政收入的绝大部分，在晋升锦标赛的激励机制下，地方政府有着强烈的政治动机干预地方经济及微观企业发展，甚至放松对污染企业的环境监管力度。显然，当企业和政府之间存在利益关联时，环境监管和执法的效率就会受到极大削弱（许年行等，2013），一些地方政府在企业违反环境保护规定时，不但不配合有关部门进行查处，反而进行阻扰，甚至出现"地方政府挂牌保护污染大户"的现象。由此可见，政治关联很可能成为企业制造环境污染和拒绝履行环保责任的"保护伞"。

另一方面，由于环境问题日益突出和环境群体性事件屡屡发生，民众越发意识到环境保护的迫切性和重要性，并且积极参与到环境保护与环境监管的行动中，从而倒逼政府重视生态环境、加强环境保护。随着"绿色GDP""一票否决制"等纳入官员考核体系，政府官员自身也开始逐渐重视环境治理与监管，对企业应承担的环保责任提出了更高的要求。同时，企业为了获取和维持与政府的良好关系，可能会采取一定的措施，积极分担政府环境保护的部分责任与压力，帮助政府完成相应的环境监管与污染治理目标以及生态环境考核指标。因此，从这个层面来看，政治关联也可能会对企业的环保投资行为产生一种有益的引导作用，促使企业加大环保投入力度，以取得政府官员的信任与认可，从而获取相应的政策激励，比如环保技术补贴、绿色融资渠道和税收优惠等（潘红波等，2008；余明桂等，2010；颉茂华等，2013；赵毅、许杨杨，2016）。

在此基础上，本书关注政治关联如何影响民营企业环保投资及其影响机制这一问题。由于我国不同地区之间经济发展状况差异很大，面临的发展压力和发展目标亦不相同，环境规制强度亦具有差异化特征。因此，本书在重点关注政治关联如何影响民营企业环保投资这一核心问题的同时，将环境规制作为外部调节手段，研究其对政治关联与民营企业环保投资间的关系是否会产生影响；同时探讨面对不同的区域经济发展压力，政治关联对民营企业环保投资的影响是否会发生改变。

本书具体研究思路如下：

首先，对政治关联与企业环保投资的文献进行梳理，全面把握已有研究成果和最新研究动态。同时，注重不同理论之间的争议、重叠、互补，积极探究政治关联对企业内部投资决策的影响机制，形成本书的理论背景与现实背景，并结合现实国情，提出本书的核心研究问题，即政治关联对民营企业环保投资有何影响及其影响机制是什么？围绕这一核心问题，本书进一步将研究问题细化，分成三个子研究。子研究一探讨政治关联影响民营企业环保投资的作用机制，重点分析政府环保补助在其中发挥的作用；子研究二探讨环境规制强度在政治关联对民营企业环保投资的影响中的调节作用；子研究三考察在差异化的区域经济条件下，政治关联对民营企业环保投资的影响是否会发生变化。

其次，由于目前国内将政治关联与企业环保投资结合起来研究的文献较少，而且对这两个关键变量的度量和数据披露一般都做简化处理。为了更好地度量这两个主要变量，使模型结果更加稳健、更具代表性，本书在参阅大量文献的基础上，拟定系统的测量方案，并在制订好测量方案后进行本书研究样本的整理和筛选。根据测量方案，本书从多个数据库、证券交易所官方网站、各地区相关统计年鉴下载或手工搜集政治关联、企业环保投资、政府环保补助、环境规制强度、地方经济发展以及其他控制变量的相关研究数据。

最后，对本书相关样本数据进行汇总整理，并通过统计分析软件建立研究计量模型，采用一系列的计量经济分析方法，如面板数据的固定效应模型或随机效应模型、Tobit 模型、系统 GMM 模型等，利用统计回归获得模型结果，对之前提出的假设进行验证。同时，对回归模型得到的结果进行分析，研究政治关联是否影响民营企业环保投资，以及这种影响是否会因为不同高管层级的政治关联及不同政府层级的政治关联而发生变化，具备政治关联的民营企业是否能够获得更多的政府环保补助，环境规制强度是否起到了调节作用，以及区域经济发展压力将会如何影响政治关联与民营企业环保投资之间的关系？在此基础上，根据实证回归结果得到本书的研究结论和相应的政策建议。

本书研究思路可用图1-1所示的技术路线图更直观、清晰地表达。

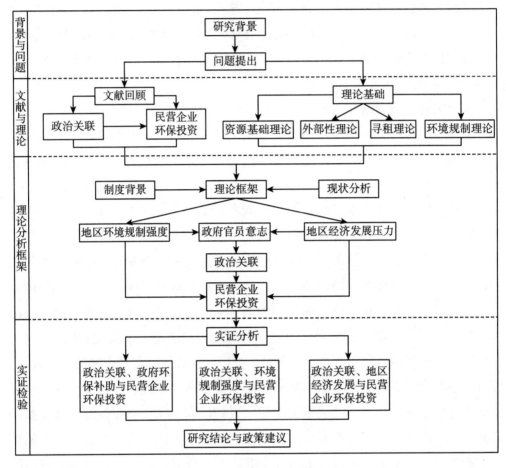

图1-1 本书研究思路技术路线

1.2.2 研究内容

企业是政府环境规制政策实施的重要对象，政府的环境保护措施通过企业这一中间载体进行传导，企业通过环保投资行为最终落实政策。由于民营企业政治关联现象广泛存在，政府与民营企业之间的环保投资行为决策机制和传导过程就成为一个值得深入探讨的话题。本书以沪深两市A股重污染行业民营上市公司为样本展开研究，探究政治关联对民营企业环境行为决策，尤其是企业环保投资规模的影响，并探讨地区经济发展差异以及环境规制强度的不同是否会改变政治关联对民营企业环保投资影响的方向或程度。本书主要研究内容如下：

第一，阐述和分析对本书研究具有指导意义的重要理论，主要包括资源基础理论、寻租理论、外部性理论与环境规制理论，并结合每一个基本理论的内涵，分析该理论在本书中的应用。

第二，分析我国企业环保投资现状。根据从企业年度报告中搜集的环保投资数据，对我国企业环保投资的资金结构、行业特征和地区分布进行描述性统计分析，总结企业环保投资的基本发展态势。

第三，理论分析与实证检验政治关联对民营企业环保投资规模产生的影响，并探讨政府环保补助在其中发挥的作用。根据搜集整理到的微观民营企业数据，运用 Tobit 模型对政治关联如何影响民营企业环保投资规模进行检验，并对不同高管层级与不同政府层级的政治关联对民营企业环保投资规模的影响情况是否存在差异进行探讨。同时，对民营企业所拥有的政治关联是否能够帮助其获得更多的政府环保补助进行分析，这些环保补助是否能够进一步促进民营企业加大环保投资规模。

第四，理论分析与实证检验相结合，探究环境规制对政治关联与民营企业环保投资之间相关关系的调节效应。在第 4 章实证分析的基础上，首先采取单一指标法、替代指标法以及复合指标法衡量地区环境规制强度，然后实证检验不同环境规制强度条件下民营企业政治关联对环保投资的影响是否会发生变化，并重点检验环境规制强度对民营企业政治关联与环保投资关系的调节效应。

第五，理论分析与实证检验地区经济发展对政治关联与民营企业环保投资关系的影响。在第 4 章实证分析结果的基础上，运用系统 GMM 模型探究差异化区域经济发展水平条件下，政治关联与民营企业环保投资之间的关系，重点考察政治关联对民营企业环保投资规模影响的变动情况。

第六，经过对政治关联与民营企业环保投资间关系进行系统研究之后，结合研究结论，本书有针对性地提出了促进企业有效履行环境责任、增加环保投资的政策建议，同时也为政府建立政企关联约束机制、实施恰当的环境规制手段以促进企业进行环保投资提供政策性建议。

1.2.3　研究方法

为达到研究目标，本书拟采用规范研究与实证研究相结合的方法。规范研究主要是指文献研究方法。文献研究侧重于对既有文献的研究成果进行搜集、整理、分析，有利于从理论上提炼研究假说；而实证研究则是从量化的角度对本书的研究主题进行比较分析，并为理论分析提供强有力的经验证据。通过文献研究与实证研究"双管齐下"，可以相互补充、相互支持，从而使本书的研究更具有说服力。具体研究方法如下：

第一，文献研究方法。前人的研究成果往往能够为后续研究提供大量可供借鉴的信息。通过对已有文献进行全面梳理、分析，有利于本书快速了解已有研究成果、把握研究的前沿动态，然后充分吸收与借鉴，并在此基础上展开新的研究，从而丰富已有研究文献。具体而言，本书在文献综述中运用文献分析法对国内外学者的已有研究文献进行系统性阅读、梳理与总结，分析各种定性与定量研究所取得的研究成果和建议，为本书理论分析和实证分析奠定基础。

第二，实证研究方法。为了验证理论分析的准确性和可靠性，本书需要进行数据收集与整理，并在此基础上对数据进行量化分析，找出规律性的经验证据。本书基于我国 2008—2015 年沪深两市 A 股上市的重污染行业企业，一是采用描述性统计法分析我国企业环保投资的变化趋势与分布特征；二是利用更适合限值因变量的 Tobit 模型，实证检验了政治关联对民营企业环保投资的影响及作用机制，并进一步探讨了环境规制在政治关联影响民营企业环保投资中的调节效应；三是采用两步法的系统 GMM 方法，实证检验了在不同区域经济发展水平下，政治关联对民营企业环保投资的影响差异。

1.3　核心概念界定

为使本书的研究过程能够更加准确地体现作者的思想，不因不同学者之间的概念界定不同而引致歧义，本书首先对文中所涉及的重要概念做出内涵与范围上的约定。

1.3.1　政治关联

在经济学相关研究中，一般将"政治关联"①视作企业与政府之间所存在的某种内在联系。由于学术界和实务界一致认为这种关系广泛存在于企业和政府之间，因此，所谓的"政治关联"实际上就是"企业的政治关联"。在大多理论和实证研究中，一般采取"政治关联"这一简称术语，本书沿袭这种做法。

虽然学术界从 20 世纪 80 年代就开始研究企业与政府之间"关系"的问题，但是对政治关联的概念界定始终未能形成共识。Fisman（2001）首次提出"政治关联"这一术语，并将其界定为企业高管与政府官员之间的某种密切私人关系。但是，这种定义方式比较模糊笼统，针对性不强，也不利于理论和实证研究的开展。因此，为了更清晰地度量企业和政府之间的这种关系，有学者建议以企业高层管理人员是否正在（或曾在）政府部门工作作为衡量标准（Agrawal and Knoeber，2001）。通过识别企业高管是否有过在政府任职的经历来定义政治关联是国外最常用的方式，至今仍然在学术研究中被广泛采用。这种定义方法也被习惯称为列举法。例如，有研究认为如果企业高管毕业于精英高校且目前或曾经在政府相关部门工作，那么就可以认为该企业具有政治关联属性（Bartels and Brady，2003；Johnson and Mitton，2003；Ferguson and Voth，2008）。也有研究以西方选举制度为背景，认为企业在政治选举过程中，如果对某个候选人通过资金捐赠的形式给予支持，则该企业是政治关联企业（Khwaja and Mian，2005；Jayachandran，2006；Claessens et al.，2008）。但是，企业的政治捐赠可能只是反映了企业的某种政治偏好或兴趣，并不能作为判断企业是否存在政治关联的标准（Goldman et al.，2009）。因此，更准确的一种表述是：对于一个具有政治关联的企业而言，其高层管理人员要么是政府或议会高层，要么与政府或议会高层具有密切关系（Faccio，2006）。

中国的政治体制与西方不同，对企业政治关联的界定和判断标准也会存在差异，但总体思想是基本一致的。国内对政治关联的定义主要基于 Faccio（2006）的研究，并根据中国国情进行了拓展。潘红波等（2008）认为企业的总经理或董事长如果是现任或曾任政府官员，那么该企业就存在政治关联。贾明

---

① 也有学者采用"政治关系""政治联系""政企关联""政企联盟"等术语。

和张喆（2010）在此基础上进一步拓展了政治关联可能涉及的领域，除了政府官员外，企业高管是否曾任人大代表和政协委员也应该作为企业政治关联的判定依据。冯延超（2011）认为政治关联在中国最主要的表现就是企业的关键人物具有政府背景或关键人物直接参政议政。封思贤等（2012）通过对非国有企业进行研究，概括了政治关联在中国实现的三条路径：一是政府官员"下海"创业或"下放"企业挂职锻炼；二是企业聘请政府官员担任高层管理人员；三是企业高管成为人大代表或政协委员。此外，也有研究认为如果企业高管曾在军队中有过任职经历，那么也可以说该企业是政治关联企业（夏志伟，2017）。

综上所述，国内外学者都将政治关联视为企业与政府之间的一种关系，只是在具体的界定方式和判定标准上有所不同。本书结合既有研究观点，将政治关联定义如下：政治关联是企业与政府之间形成的一种特殊非正式关系，具体表现为企业高管（如董事长、CEO等）具有在政府部门（或人大、政协、军队）任职的经历。需要注意的是，本书所说的政治关联是正常、合法的关系，并未超出法律许可框架，应与涉及权力、权钱交易的"政治腐败"区分开来。

1.3.2　企业环保投资

关于"企业环保投资"的概念内涵，学术界并没有一个统一的界定。从字面意义看，"企业环保投资"就是企业所进行的"环保投资"。那么，就有必要首先对"环保投资"的概念进行界定。

早期的研究借鉴经济学对投资的定义，认为环保投资就是社会各类投资主体用于环境污染防治和生态环境改善的资金支付（张坤民，1993），根据环境保护的对象可以分为污染治理投资、保护和改善生态环境投资、环境管理和科技投入三部分（蒋洪强，2004）。除了这几项构成部分，有学者认为购买环保设备的投资和缴纳的环境税也应当视为环保投资（陆旸和郭路，2008）。国家环境保护部也有一个相对比较权威的界定，即"环保投资是指在国民经济和社会发展过程中，社会各相关投资主体从社会积累资金和各种补偿资金、生产经营基金中，支付的主要用于污染防治、保护和改善生态环境的资金"（杨爽，2015）。

以上都是学术界或实务界对"环保投资"概念内涵的认识，而"企业环保投资"概念的界定相对比较匮乏，也没有一个较为权威的观点。唐国平和李龙会（2013）从投资结构的视角对企业环保投资概念的界定是近年来一个比较重大的突破。他们认为企业环保投资就是企业在生产经营过程中用于环保技术研发与改造、环保基础设施与系统建设、环境污染治理、清洁生产、环境税费和生态环保等方面的支出。逯元堂等（2010）对环保投资的相关概念进行了梳理辨析，认为环保投资应该是广义的，一切用于环境保护的资金投入都属于环保投资。本书对此观点基本表示赞同，因此，本书将企业环保投资的概念界定为：企业用于环境污染治理和生态环境改善方面的资金支出规模。需要注意的是，本书所定义的企业环保投资特指企业用于环境治理与保护的资金支出规模，可以视作广义的环保投资，亦可称为环保支出或环保投入。为了便于分析，本书对"环保投资""环保支出"和"环保投入"并不做严格区分。根据我国重污染行业上市公司年度报告中披露的信息，企业自身的环保投资主要由两部分内容组成：一是企业在建工程的本期增加额中与环保有关的资本性支出，包括环境保护工程、清洁生产、污染监测系统、绿化工程、废水治理、废气及烟尘（除尘抑尘、脱硫、脱硝、脱氮等）治理、固废与垃圾处理、节能与余热利用工程和其他与环保相关的支出；二是企业管理费用中用于环境保护的费用性支出，主要包括环保管理费、排污费、绿化费等。

1.3.3 民营企业

改革开放以来，民营企业逐渐成为中国经济增长中的一个重要组成部分。在计划经济时期，中国法定层面是不存在"民营企业"这一概念的，因此，可以说"民营企业"是在中国经济体制改革的过程中逐步产生和发展起来的。但是，对于如何界定"民营企业"，学术界曾进行过广泛争论。张惠忠（2001）对民营企业概念进行了比较细致的总结和梳理，比较具有代表性。他认为关于民营企业的概念共有四种主要观点：

第一，民营企业只是一个比较模糊的概念。由于国家各部门并没有正式使用"民营企业"这一术语，只有1998年国家统计局在《关于统计上划分经济成分的规定》中界定了"民营经济"，因此，人们对"民营企业"一直是一种模糊的认知，并且极易忽视所有制问题。

第二，对民营企业概念的界定可以基于生产资料所有制。这种观点强调民营企业的本质内涵应由其所有制性质决定：其一，民营企业等同于私营企业；其二，民营企业从属于非国有经济范围，除国有企业之外的企业都可视作民营企业。

第三，民营企业只是一种与资产经营方式相关的企业组织形式。这种观点认为，民营企业本质上不涉及生产资料的归属，它只与企业资产的经营管理方式相关。在实际中体现为由"民"作为主体从事经营管理活动的企业，具体形态包括国有民营、民有民营、混合所有制民营等。

第四，在界定民营企业时不仅需要考虑企业的资产经营方式，还需要考虑其所有制形式。这种观点认为，界定企业除了要看其资产的经营管理方式，还需要考虑资产的归属问题，因为任何经营方式都必须基于归属特定主体的资产，也就是说，在资产归属明确的前提下才能进行资产经营管理。

综合来看，第四种观点相对更接近我国实际中的民营企业。根据我国现实国情，如今民营企业可以从广义和狭义两个层面进行界定。从广义上来看，非国有独资企业均可视为民营企业，即与任何非国有独资企业相容而与国有独资企业相对的企业都可称为民营企业；从狭义上来看，私营企业和以私营企业为主体的联营企业才能被称为民营企业，根据《中华人民共和国公司法》相关规定，除国有独资、国有控股之外，其他类型的企业中只要不具备国有资本，均属民营企业。而本书所指的民营企业侧重于狭义层面的民营企业。

1.4 文献综述

1.4.1 政治关联研究

1.4.1.1 政治关联的形成方式与原因

在全球范围内，企业通过与政府形成政治关联以充分获得有利于自身发展的资源和政策优惠早已成为一种普遍现象（Faccio，2006）。企业为何会努力谋求政治关联以及如何建立政治关联？为此，学术界展开了热烈讨论和研究。

（1）政治关联的形成。在经济发展过程中，企业和政府在市场中的角色与关系始终是人们关注的重要话题之一（Evans，1995）。企业出于利润最大化的考虑，往往希望依靠政府获得尽可能多的资源和优惠政策，而政府为了平衡各方面的经济发展，通常会有选择性地扶持部分企业，对整体经济部门采取一定的干预措施（Chen and Dickson，2008），这就导致了政治关联现象的出现。由于企业所有制性质的差异，国有企业"天然"具有政治关联属性（杨瑞龙等，2013），并且地方层面的政治关联现象相比中央层面更加普遍，关联程度也更高（杜兴强等，2011）。然而，鉴于国有企业本身已经存在政治关联，学术界更加关注和希望了解的是民营企业为何以及如何形成政治关联（吴文锋等，2008；刘慧龙等，2010）。

与国有企业直接由政府进行投资不同，民营企业并没有政府这样一个天然的背景，在市场中获得资金、资源和政策优惠的难度远远超过国有企业（Allen et al.，2002；Wei and Wang，2004；卢峰和姚洋，2004；连军等，2011）。因此，民营企业要想获得与国有企业相似的发展条件，就必须想方设法与政府建立某种联系，使政府成为自身发展的政策资源和战略构成部分（Dickson，2003；Sun and Wright，2011）。对民营企业而言，与政府建立政治关联的最常见方式就是利用企业家的社会关系网络（Faccio et al.，2006；Oliver and Holzinger，2008；施一丹，2016），和政府相关部门的负责人员"搞好关系"。此外，民营企业还可以通过一些其他方式与政府建立政治关联，比如，通过高层管理人员的参政议政（如参选人大代表或政协委员），或聘请政府官员到企业任（兼）职，或响应政府号召做好社会公益事业，或寻找机会陪同政府官员出席相关经济会议和调研活动等（Dickson，2007；Fan et al.，2007；贾明和张喆，2010；Wang and Qian，2011；曹春方和傅超，2015；李维安等，2015）。

（2）政治关联的建立动机。从本质上讲，企业谋求政治关联是出于利润最大化的动机。企业生存和发展需要许多稀缺性资源的支撑，而大量关乎企业发展的关键资源都掌握在各级政府手中，政府在资源配置中扮演着至关重要的角色。企业不论是在主观上还是客观上都需要与政府建立政治关联（Bartels and Brady，2003）。具有政府背景的企业，能让企业与政府的合作沟通过程更为"便捷"与"高效"，从而能够更容易地获取由政府掌控的关键资源，降低企业的经营成本与风险。因此，企业非常重视与政府部门建立紧密的政治关联，并愿意花费大量资金与精力来经营和维持这种政治关联，在转型经济体中这种情况更为显著（Li and Zhang，2010）。同时，大量文献也证实了企业政治关联形成的这种政治背景，例如，吴海民（2013）的研究中发现民营企业大约要花费14%的时间和20%的资金与各级政府部门打交道。而吴晓波（2015）在对宁波民营企业家的相关研究中得出结论，一半以上的企业家个人时间会被用来处理政府关系。

就中国的实际情况而言，由于市场经济体系尚不完善，市场工具在调节经济发展的过程中难免会存在各种各样的缺陷，从而给部分企业（特别是民营企业）带来不利的影响。为了避免受到市场缺陷所带来的影响，企业往往会通过建立政治关联来规避市场缺陷的影响（Peng and Heath，1996；Boubakri et al.，2008）。Hillman et al.（2004）认为，当企业面临经营问题时，往往会寻求政府资源的帮助，而政府往往能够在经营的关键问题上施以有效的帮助，因此企业也愿意花费重金来维护企业的政治关联。叶会和李善民（2008）从维护企业声誉的视角出发，指出政治关联的建立是出于企业维护良好声誉的需要。安灵等（2010）将企业建立政治关联的动机分为两类：一是被动型政治关联，即企业在特定环境约束下为了降低生产经营成本不得不想办法去获得政府的支持；二是主动型政治关联，即企业在既有发展基础和条件下为了获得更高的收益主动与政府联系以谋求更多的政策优惠。由此可以看出，为了企业的长远发展是企业谋求政治关联的根本动机（封思贤等，2012；朱雨辰和张凌方，2017）。此外，也有学者从提升企业家个人价值和规避制度风险的视角研究企业政治关联的建立动机（邬爱其和金宝敏，2008；Li and Liang，2015）。

1.4.1.2 政治关联对企业行为决策的影响

Fisman（2001）认为，政治关联本质上也可以视为企业发展的一种资源，它对企业行为决策能够产生重要的影响。大量文献也支持这种观点，并且将政治关联对企业行为的影响归纳为以下几个方面：

第一，政治关联对企业融资行为决策的影响。大量研究文献发现，具有政治关联的企业在融资过程中往往比不具有政治关联的企业面临更少的壁垒和阻碍。Khwaja and Mian（2005）以巴基斯坦1996—2002年将近10万家企业为研究样本发现，在同样的债权抵押条件下，具有政治关联的企业可以更容易地从银行融资，且融资额度远远高于不具有政治关联的企业。银行之所以更愿意给政治关联企业贷款，是因为银行将政治关联也视为一种隐形抵押物，并认为这些具有政治关联的企业应该比其他企业信用程度更高（Charumilind et al.，2002）。Faccio et al.（2006）也指出，在企业面临危机或发展困境时，政府一般会优先支持与其联系密切的企业，因此，政治关联企业可以依靠政府的担保更便捷地筹集到资金。Claessens et al.（2008）基于西方国家的政治体制背景研究发现，通过资金捐赠方式支持政治候选人的企业，在每次选举之后一般都能以相对更低的贷款利率从银行融资。Francis et al.（2009）对中国的研究也基本得到了类似的结论，即具有政治关联的企业上市后的固定成本和承销折价比其他企业更低。王艺明和刘一鸣（2018）认为政治关联有助于企业获得更多外部融资支持，可以有效缓解私营企业的"融资难"问题。

第二，政治关联对企业投资行为的影响。在市场经济体系不完善的条件下，企业发展面临着诸如市场分割、地区与行业壁垒和所有制歧视等障碍，政治关联则能够在一定程度上解决企业所面临的这些困难，使企业投资可以更容易地进入利润最大化的领域（Faccio，2006）。但是，由于企业投资具有多元化特点，政治关联对企业投资行为的影响并不一定总是呈现利好趋势，也有许多研究表明政治关联可能导致企业高层管理人员在投资时过度自信（Langer，1975），从而使投资效率和收益下降（Malmendier and Tate，2006；Boubakri et al.，2008）。针对中国的研究方面，胡国柳和周遂（2012）利用上市公司公开数据，实证验证了政治关联所导致企业高管过度自信及其带来的投资过度和效率损失。彭红枫等（2014）的研究一方面肯定了政治关联有利于企业融资，但另一方面也证实了政治关联会导致企业投资过度行为。周霖和蔺楠（2018）通过分析政治关联与风险投资策略的影响，发现：有政治关联的企业更容易吸引风险投资，其也更愿意进行慈善捐赠。

第三，政治关联对企业税收策略的影响。与对企业投资行为的影响类似，很多文献都表明政治关联对企业税负具有双重影响。一方面，具有政治关联的企业因与政府部门关系密切，可能凭借这层关系获得较多的税收优惠，从而可以将更多资源投入到生产中（Ang and Boyer，2007；Faccio，2010）。另一方面，也有研究指出，正是由于政治关联的存在，使得政府部门不敢对相应企业"徇私枉法"，从而对企业在税收方面予以重点关注，这样企业就不得不权衡其生产经营活动，以尽可能地降低自身的税收负担（Zimmerman，1983；Aboody et al.，2010）。

1.4.1.3 政治关联的经济效应

目前，学术界已经就政治关联会对企业绩效产生影响这一判断形成了共识，即认为政治关联会产生相应的经济效应，只是对这种经济效应的方向和程度尚存争论。有研究认为，政治关联会对企业发展产生积极影响；也有研究认为，政治关联可能会导致负面的经济影响；还有一部分研究持中立观点。

（1）政治关联的正向经济效应。在现有相关研究文献中，多数学者同意政治关联能够为企业带来稀缺资源，从而促进企业发展的观点。国外的研究更多地以西方政治制度为背景（Goldman et al.，2009；Acemoglu et al.，2016），对我国的借鉴意义不大。因此，这一部分内容，本书重点对国内关于政治关联正向经济效应的文献进行综述，具体体现在以下几个方面：

第一，政治关联可以帮助企业突破管制壁垒。在中国这样一个转型经济体中，市场分隔和管制壁垒仍然存在，国有企业因其天然的政治关联属性往往控制着重要的管制行业（罗党论和刘晓龙，2009）。随着市场经济制度的逐步发展和完善，民营企业逐渐开始能够进入相关管制行业。但是，在追求多元化经营，实现多元化竞争优势的过程中，具有政治关联的民营企业通常能够更容易地获取政府管制行业的经营特许权（汪伟和史晋川，2005；胡旭阳，2006；Li et al.，2014）。胡旭阳（2010）针对民生银行的案例研究也指出，金融领域之外的民营企业能在金融体系内占有一席之位，源于与政府形成的密切政治关联。Li et al.（2012）对中国2002—2005年上市公司的研究同样支持上述论断，认为政治关联是突破市场分割和行政管制壁垒的有效方式。

第二，政治关联可以帮助企业获得融资优势与政府补贴。陈冬华（2003）通过研究企业董事会的权力分布，发现具有政府关系的董事在董事会的权力更大，凭借这种强势的政府背景，能够帮助企业获取更多的政府补贴。余明桂和潘红波（2008）认为具有政治关联的企业，在获取银行贷款方面存在着一定优势，并且具有政治关联的企业能够获得的贷款规模更大、期限更长，在金融水平发展程度较低的地区，这种现象更为普遍。罗党论和甄丽明（2008）的研究也发现，具有政治关联的民营企业，能够突破民营企业的融资约束，获取更多的融资优势。余明桂等（2010）进一步研究发现，民营企业一把手是否曾经担任过地方政府官员，将会影响到企业获得政府补助的多寡。于蔚等（2012）认为，基于信号传递理论，企业的政治关联能够促使企业与政府保持良好与紧密的沟通，因此，在企业融资过程中能够搭建更有效的沟通平台，降低融资双方的信息不对称，并且具有政治关联的民营企业，政府背景能够帮助其获取稀有资源，切实提升民营企业的经营与竞争优势。黄新建和刘玉婷（2019）基于2012—2016年全部深圳A股上市公司数据，研究政治关联与特许经营权的关系，研究发现：政治关联的建立有助于企业获得政府授予的特许经营权，增加企业利润推进企业发展。

第三，政治关联有助于企业规避制度和政策风险。在政治强权的经济体中，政策的不确定性容易造成企业经营风险，具有政治关联的企业能有效规避政策所带来的不确定性风险。张维迎（2001）指出，为了维护政治关联，企业家热衷于研究政府政策文件、调研报告与工作报告，具有较强的政治敏感度，让企业具有较强的政策解读能力，从而帮助企业顺利化解政策风险，保障企业利益。Farashahi and Hafsi（2009）研究指出，企业的政治关联能够帮助企业在面临政策影响的风险下，通过企业背景为其经营建立合法性，避免因政策调整带来的经营风险。余明桂等（2013）的研究认为，具有政治关联的企业能够在政府背景的保护下，避免遭受不确定风险所带来的掠夺现象。陈德球等（2016）通过分析政策不确定背景下政治关联与企业创新效率之间的关系发现，具有政治关联的企业可以有效规避政策不确定带来的风险，提升企业创新效率。付朝干和李增福（2018）认为腐败治理没有使得政治关联企业的利益减少，即政治关联企业可以通过"好孩子"幸运机制合法避税。王兵等（2019）采用2011—2015年沪深两市A股非国有上市公司为研究样本考察政治关联的保护效应，研究发现：政治关联有助于降低企业涉诉风险。

第四，政治关联有助于提升企业并购绩效和创新绩效。李善民和朱滔（2006）发现，在多元化并购过程中，政治关联企业要比其他企业拥有更多的机会进入垄断性行业，从而获取高利润。吴周利等（2011）指出，具有政治关联的企业更容易出现跨区域并购，且企业在并购之后可以迅速获得更高的收益。魏江等（2013）区分了中央和地方两层政治关联对企业并购绩效的影响，得出结论：地方层面的政治关联更有利于企业在特定行业内进行跨区域并购，而中央层面的政治关联则可以使企业在更广范围内进行跨区域并购。蔡庆丰等（2017）基于2005—2014年中国A股中小板421家民营上市公司的调查研究发现，企业家的政治关联层级越高，越有利于企业进行跨区域并购，获取更多利润。吾买尔江·艾山等（2019）将进行OFDI的A股上市企业2013—2016年数据作为基础数据，研究发现：政治关联在"一带一路"倡议与企业创新绩效和海外收入的关系中均存在正向调节作用。

（2）政治关联的负向经济效应。任何事物都具有两面性，政治关联既有可能为企业带来丰厚的收益，也有可能对企业的经营绩效造成一定负面影响。政府干预经济的一种常见方式就是采取行政手段，因此，具有政治关联的企业更加容易受到政府的干预，而这些干预可能会对企业经营决策和生产运营带来不利影响（Shleifer and Vishny，1994；Fan et al.，2007；游家兴等，2010）。同时，从政治关联中受益的企业可能产生一定程度的惰性，危机意识下降，从而不利于企业创新和经济绩效的进一步提升（Agrawal and Knoeber，2001；袁建国等，2015；施一丹，2016）。

在实证方面，也有大量文献表明政治关联会给企业带来负面的经济影响。Fan et al.（2007）的研究以中国1993—2001年IPO公司为样本资料，得出结论：具有政治关联的公司在IPO之后的收益率显著低于其他公司。Boubakri et al.（2008）的研究对多个国家的企业进行比较，研究发现具有政治关联的企业相比不具有政治关联的企业的经济绩效显著更低。邓建平和曾勇（2009）实证检验了中国2002—2006年上市的民营企业政治关联效应，发现具有政治关联的企业经济绩效存在下滑趋势。李善民等（2009）实证研究认为，政治关联可能导致企业高层管理者为了个人私利而采取损害企业股东利益的投机行为，从而造成企业经营绩效的停滞甚至下降。Chen et al.（2011）也指出，具有政治关联的企业比其他企业出现过度投资的可能性更高。张雯等（2013）认为，政治关联可能会导致市场资源配置扭曲，使得本应由生产效率高的企业使用的资源被一些生产效率低的企业所占有，从而导致市场整体经济效率的降低。Fisman and Wang（2015）通过研究中国上市公司，认为企业通常将政治关联视作规避安全检查的保护伞，正是由于政治关联的存在，企业对安全生产的重视程度不足，从而出现安全事故的概率也更高。吴骏等（2018）以于2009—2013年519家IPO上市公司为研究样本，研究发现：风险投资的政治关联降低了被投资企业绩效，并且在风险投资声誉与被投资企业绩效之间关系中起负向调节作用。王乐等（2019）以2004—2016年我国A股上市的ST公司作为研究对象，研究发现：政治关联使得制度监督的有效性大大降低。赵奇伟和吴双（2019）通过研究政治关联对企业跨国并购的影响，认为由于存在信息不对称，政治关联导致投资者对企业的跨国并购绩效有较低的预估。

（3）其他中立观点的研究。除了上述两种政治关联经济效应的对立观点外，也有学者站在中立的立场上客观分析了政治关联所带来的经济效应，这主要是基于政府的"扶持之手"和"掠夺之手"理论假说。例如，李增泉等（2005）针对我国上市公司并购问题的研究指出，政府往往会对效益好的政治关联企业横加干预，导致其经济效益出现下滑，而当这些企业经济效益差到一定程度时，政府又会出手相救，使企业重新走上良性发展轨道。潘红波等（2008）的实证研究进一步证实了政府"扶持之手"和"掠夺之手"共同存在，他们发现对于盈利的上市公司，政治关联对其经营绩效具有负面影响，而对于亏损的上市公司，政治关联可能能够帮助其走出困境。陈丽蓉和陶怀轮（2011）探讨了存在这种现象的原因，他们运用 BHAR 衡量企业绩效，发现企业终极所有权性质在短期内与企业绩效呈正相关，长期内呈负相关。

1.4.2　企业环保投资研究

有关企业环保投资的研究，已有不同学者从不同角度、采用不同方法展开了较为丰富的研究，并得出多样的研究结论。本节分别从企业环保投资的行为动机、影响因素及经济后果三个方面对国内外相关研究文献进行回顾梳理，旨在了解、比较和借鉴前人的研究，并在此基础上展开本书的研究。

1.4.2.1　企业环保投资的行为动机

企业作为理性的市场主体，其经营目标是利润最大化。短期内，环保投资被企业经营者看作成本，因此，绝大部分企业对环保投资缺乏积极性。但是，长期来看，企业环保投资可以通过技术进步转化成为企业的核心竞争力，出于长远发展的考虑，企业可能会主动进行相关环保投资。这样，企业环保投资的行为动机就引起了学术界的极大兴趣和热烈讨论。通过梳理既有研究文献，国内外学者对企业环保投资的行为动机大体上持两种不同的观点。

一种观点是，企业的环保投资并不是企业的自主投资行为，而是迫于政府的环境政策压力所做出的投资决策，环保投资只是企业的一种成本支出。更进一步而言，企业进行环保投资不是自愿主动进行的一项投资活动，而只是为了达到政府环境规制的相关要求被迫采取的行为，对于环保投资企业不具备足够的内在驱动力，如果环保投资能够为企业带来一些好处，比如政府政策适度倾斜、降低一定资金成本、增强产品市场核心竞争力或者是树立企业绿色环保的良好形象，那么企业就会有足够的内在驱动力主动进行环保投资。例如，有学者直接将企业的环保投资视为根据法律和政策所做出的投资决策（Pashigian，1982）。企业只有在政府严格的环境规制政策下，才会把环境保护提上经营日程，从而进行环保投资（Hartl，1992）。此外，企业的环保投资不能同时实现既盈利又达到环保要求的双重目标，就算在长期内环保投资可以形成企业的竞争力，但也会占用其他方面的投资资金，从而对企业的长期发展带来影响，企业之所以在面临可能影响长期经营绩效的前提下仍然决定对环保进行投资，是因为受到政府环境政策的驱使，也是为了获取企业经营合法性（Walley and Whitehead，1994）。国内方面，汪洋等（1999）从产权理论出发，认为政府应当对环境质量这一公共产品认定产权，给予企业定量的政府补贴，提高企业环保投资的主动性。陈君（2002）建议政府采取各种财政手段，推动环保投资的市场化改革，提高环保投资效益，并建议政府增列环保支出预算科目，给予企业优惠税收和优惠贷款等办法来激励企业进行环保投资。陶岚和刘波罗（2013）通过对企业环保投资的动机研究发现，企业的环保投资决策是为了避免违反环保的法律法规，使企业免于遭受违法的损失。可见，合法性是我国企业进行环保投资的主要目的，企业环保投资的自主性不强。

另一种观点认为，企业的环保投资属于自主行为，是企业自愿进行的环保投入。例如，Brännlund and Löfgren（1996）在调研时发现，部分企业的排污量远远低于政策规定的红线标准，他们的研究认为，企业如果超出法律和政策规定进行排污，会产生高额的违法成本，影响企业的经营绩效，因此，为了保护企业的经营成果，企业自愿增加环保投资，控制排污额度，使其低于政府规定的标准，避免由过度排污引发的合法性成本风险。"波特假说"也认为，恰当的环境规制能够确保企业不依靠规避环境投资，通过技术创新提高生产率与产品质量，从而部分或全部弥补环境成本，增强企业竞争力（Porter，1991；Porter and Linde，1995）。Ollikainen（1998）的研究发现，企业主动进行环保投资是为了营造绿色环保形象，提升企业的声誉，从而为企业带来利润。Lundgren（2003）通过实证研究企业环境质量问题的处理、企业绿色形象与企业环保投资之间的关系，发现绿色友好的企业环境形象能够提升产品的市场价格，让企业获得高额的利润，从而可以促使企业自愿进行环保投资。国内方面，陈舜友（2006）认为，企业的环保投资能够在长期为企业打造核心竞争力，从而形成独特的市场竞争优势，由此企业具有愿意进行环保投资，政府也可运用相应的激励政策，促进企业环保投资。翟华云和普微（2012）的研究指出，具有环境责任感的企业，更容易取得成功，企业的环保投资决策可以促进企业的技术进步，促进企业参与市场竞争，从而获得商业成功。

1.4.2.2　企业环保投资的影响因素

纵观国内外已有研究文献，学术界认为影响企业环保投资决策的因素主要包括以下几种：

一是企业自身特征因素。Gray et al.（2009）在他们的经典著作中指出，企业的资产负债比和融资的难易程度会显著影响企业的环保投资决策。Murovec et al. （2012）发现，过去环境绩效较好的企业会更重视企业环保投资，而企业环境绩效较差的企业，越不关心企业的环保投资，由此会形成两极分化的循环。唐国平和李龙会（2013）的研究认为，股东的股权结构与股权制衡程度是影响企业环保投资决策的重要因素，股权制衡强度越高，企业环保投资越谨慎，企业环保投资规模越小，这也反映出企业股东对企业是否履行环境责任的关心程度不足。

二是市场因素。企业在市场中的绿色形象以及竞争对手是否进行环保投资，影响着企业的环保投资决策，消费者对于环境保护的重视程度正向影响着企业环保投资决策，而竞争者对环保投资的重视程度，可以提升企业对环保投资的关注度（Lundgren，2003）。实证研究也表明，履行环境保护的企业，其产品更容易受到高收入消费者的青睐，为了培养高收入群体的消费偏好，企业愿意花费金钱和精力进行环保投资；同时，随着消费者环保意识的增强，在产品选择上会更加注意选择对环境影响较少的产品，从而倒逼企业进行环保投资（Arora and Gangopadhyay，1995；Sengupta，2015）。张功富（2013）的研究发现，由于国内市场发育程度仍不够完善，注重环保投资的企业往往并不是为了赢得产品市场优势，而是为了突破市场上的融资约束而采取的投资行为。马文超和唐勇军（2018）的实证研究表明，当省域环境竞争力越强时企业越不愿意进行环保投资，但环境竞争力越高，这种负向影响就越低。

三是制度或政策因素。Ferreira et al. （2002）认为，企业的环保压力并不是来源于企业对环保责任履行的自我觉醒，而是受到政府环境政策的约束，企业为了缓解环境规制政策所带来的经营影响，避免环境违法所造成的损失，需要主动采取措施实施环保投资。唐国平等（2013）的研究指出，企业环保投资行为更多地体现出"被动"迎合政府环境管制需要的特征，政府环境规制强度与企业环保投资规模间呈现出显著的"U"形关系，政府环境管制对于企业环保投资行为的影响中存在着"门槛效应"。从税收政策因素来看，毕茜和于连超（2016）发现，环境税对企业绿色投资的边际效应为正向并具有异质性，随着环境税额的不断提高，企业绿色投资额也会随之提高。王云等（2017）的实证研究表明，环境规制强度增强了媒体关注的环境治理作用，且媒体关注会显著增加企业的环保投资。李月娥等（2018）的研究表明：政府环境规制强度与企业环保投资规模之间呈现"U"形关系，即伴随着环境规制强度的增加企业环保投资规模呈现先减后增的趋势。姜英兵和崔广慧（2019）实证分析了环保产业政策与企业环保投资的关系，研究发现：环保产业政策通过压力效应与激励效应两种机制促使企业加大环保投入。

1.4.2.3 企业环保投资的经济后果

根据已有研究文献，企业环保投资所产生的经济后果大致可以分为三类。

第一类是积极影响。Nakamura（2011）通过研究企业环保投资对企业经营绩效的影响，认为企业通过环保投资能够向消费者以及利益相关者传递正面消息并获得他们的信任，从而增加企业的经济利益。进一步的研究显示，短期内企业环保投资并不能显著提升企业绩效，然而从长期来看，环保投资能够显著提升企业绩效，这表明环保投资对企业绩效产生影响具有滞后效应。Lin et al.（2012）发现企业进行环保投资会对生产技术产生促进作用。Antonietti and Marzucchi（2014）认为企业环保投资对于企业的生产效率具有积极的提升作用，并且这种效率的提升能够增强企业出口倾向和强度，从而使企业的出口业绩得到进一步增长。Ghoul et al.（2014）的研究表明，企业进行环保投资能够减少其股权资本成本。国内方面，杜雯翠（2013）基于中国环保类上市公司的数据发现，企业环保投资会通过需求效应促进环保产业发展。李强和冯波（2015）的实证研究指出，企业环保投资与环境信息披露质量之间呈现出显著的正相关性，企业环保投资规模越大，越倾向于进行较高质量的环境信息披露。唐国平等（2018）的实证研究指出，长期来看企业环保投资提高了企业价值，并且企业所属地区经济发展水平越高，企业的环保投资越多。

第二类是消极影响或无影响。持这种观点的研究主要出现在国外，例如，Gray and Shadbegian（1995）对美国炼钢业、石油冶炼业和造纸业的研究发现，企业污染治理投入与企业生产率之间呈现出负相关关系，环境绩效的提高并未带来足以弥补污染治理成本的收益。Jaffe et al.（1995）研究了美国制造业企业的环境管制以及由该管制所带来的环保投入增加，发现在环境管制背景下，企业环保投资与企业竞争力之间并没有显著的相关关系。Toyozumi（2007）通过观察日本公司的合并数据，证实企业环保投入与经营业绩之间并不存在显著的关系。Johnston（2012）分析了企业环保投资与非环保投资对未来盈利能力的影响差异，研究发现环保投资对企业未来盈利能力的影响程度明显弱于非环保投资。Martin and Moser（2016）则认为环保投资对企业未来的现金流没有显著影响。

第三类是非线性影响。例如，陈琪（2014）的研究发现，环保投资与企业价值之间具有"U"形曲线关系：在环保投资规模较小时，企业进行环保投资会降低企业价值，只有当环保投资规模达到某个"门槛"界限后，企业的环保投资行为才会增加企业价值。再如，李虹等（2016）指出，企业环保投资与股权资本成本之间同样具有倒"U"形关系，并且认为企业环保投资存在一个临界点，当环保投资规模高于该临界点时，企业的环保投资越高，股权资本成本越低。此外，环境管制对于企业环保投资与股权资本成本之间的倒"U"形关系具有强化作用：当企业环保投资低于临界点时，面临高环境管制的企业，其环保投资对股权资本成本的正向影响程度比低环境管制企业更强，当环保投资高于临界点时，"创新补偿"占据主导位置，高环境管制企业的环保投资的增加将引发股权资本成本更大幅度的降低。唐勇军和夏丽（2019）也通过实证分析发现：企业环保投入与企业价值呈显著的"U"形曲线关系，伴随着环保投入的不断增加，企业价值呈现先减少后增加的趋势，且目前更多地表现为环保投入的价值减损效应，而高质量的环境信息披露可以使曲线趋于平缓。

1.4.3 政治关联对企业环保投资影响研究

在当前中国的环境治理体制下，企业环保投资行为可以看作一种企业和政府共同参与运转的系统机制。虽然，企业应当承担环境保护的具体实施任务，但政府在其中起着主导作用，具有政治关联的企业可能更容易在此运行机制下受到影响，但究竟是增加环保投资还是维持现状，要看企业与政府之间的博弈关系（安志蓉，2017）。然而，目前国内将政治关联与企业环保投资结合起来，研究前者对后者的影响的文献还比较稀少，本书梳理代表性研究文献如下：

一方面，有研究指出，政治关联弱化了企业环保投资的动力。例如，姚圣（2011）基于中国上市公司的经验证据表明，政治关联并不会对企业环境绩效产生显著的影响，但会导致企业在披露环境信息方面积极性不高，因为企业认为依靠与政府的这层关系可以规避相应的监管，从而增加环保投资的动力也不足。雷倩华等（2014）认为，与政府具有密切关联的企业，在环境监管的过程中，可以通过政府背景拖延或是掩盖环境污染的事实，由于获得政府的包庇，企业可以轻易地通过环境监管部门的审查，但是作者也指出，政治关联能够为企业提供的"帮助"是有限度的。李强等（2016）发现，企业高管缺乏治理环境和保护环境的积极性，高管政治网络越丰富，尤其是高管与地方政府的关系越密切，企业环保投资越低。企业通过高投入而获得的地方政府政治资源，能够帮助企业获得环境监管的庇护，但是环境规制会弱化政治关联对企业环保投资的负向影响。陈东和陈爱贞（2018）的研究表明，出口、政治关联和两者交叉项对环保投资具有显著正影响，即通过 GVC 传递的国外非正式环境规制和通过政治关联传递的国内非正式环境规制均对企业加强环保投资具有重要作用。沈宇峰和徐晓东（2019）以 2008—2015 年 A 股环境敏感型上市公司数据为基础数据，实证分析了管理层政治关联对企业环保投资的影响，研究发现：管理层的政治关联越强，企业的环保投资越少。

另一方面，也有研究认为政治关联可以促进企业增加环保投资。例如，路晓燕等（2012）从环境信息披露的视角研究发现，国有上市公司的环境信息披露水平远高于非国有上市公司，而前者往往比后者具有更高程度的政治关联，从而具有政治关联的企业在严格的环境信息披露制度下环保投资水平也相对较高。沈奇泰松等（2014）认为严格的环境规制能够对企业的环保行为产生引导，指引企业从事环保投资行为，是维护环境质量的重要保证。因此，当地区政府提升了环境规制强度时，企业将会面临经营活动合法性的考验，具有政治关联的企业处于高强度的政策压力中心，企业不得不为了迎合政府目标，从而对环保进行投资，因此，企业的政治关联，在严格的环境规制下，能够促进企业增加环保投资。罗党论和赖再洪（2016）指出，企业造成的环境污染会使地方政府陷入两难境地，既要维持经济增长，又要保护环境，在此背景下，政府不得不首先对具有政府关联的企业施压，敦促其增加环保投资。蔡宏波和何佳俐（2019）研究发现：私营企业的政治关联对环保投入和排污费都有显著的正向影响。

此外，还有研究认为政治关联对企业环保投资的影响可能是十分复杂的，因此应该细分政治关联类型。例如，李颖思（2016）以中国 2010—2013 年重污染行业上市的民营企业为研究样本，实证检验了不同类型的政治关联对企业环保投资的影响，结果得出结论：与政府关联与否不会对企业环保投资带来显著影响，而企业高层如果是人大代表或政协委员，则会促使企业增加环保投资，同时，激烈的行业竞争也会强化这种正向关系。

1.4.4　文献评述

总结国内外对政治关联和企业环保投资的研究发现，不论是前者还是后者，均涌现出了大量理论和实证研究成果，极大地丰富了这两个领域的研究内容和深度。目前很多学者关注政治关联对企业带来的价值增值、企业经营效益等方面的影响，在这其中，重点研究如何合理利用政治关联为企业带来突破管制壁垒、税收优惠、融资优势和政府补贴等利益优势，但是，关于政治关联对企业环境治理行为的影响却少有关注。总体而言，现有研究还存在以下几个方面的不足：

一是将政治关联与企业环保投资行为结合起来进行研究的文献较少。许多文献认为，企业进行环保投资是政府环境规制的产物，也有文献认为，随着绿色消费和绿色生产潮流的兴起，企业会自发的进行环保投资。遗憾的是，鲜有文献从政治关联的角度分析企业的环保投资行为。

二是基于企业微观数据研究企业环保投资的成果较少。现有的环保投资方面的研究主要侧重于以政府为主导的政府环保投资与行业环保投资方面，这些都是从国家宏观层面或者产业、地区中观层面进行的，大多数文献基于中国统计年鉴、中国环境统计年鉴等发布的数据进行环保投资相关研究，然而基于企业微观层面数据的相关实证研究较少。

三是对企业政治关联类别以及强度特征关注不足。现有研究所采用的政治关联衡量方式不尽相同，但大多数研究更多地聚焦于企业是否具有政治关联，而对政治关联的层级和强度关注不够。然而不同类型的政治关联对企业经营决策所产生的影响可能并不相同，如 Faccio（2006）发现，只有企业具有的政治关联达到一定级别后，才会影响到企业的行为模式和资源获取。因此，关注不同高管层级的政治关联、不同政府层级的政治关联以及政治关联的强度，对于政治关联影响企业环保行为的机制的研究具有至关重要的作用。

四是关于企业环保投资与地区经济发展状况的研究较少。我国各地区的经济发展水平存在比较大的差异，而企业的发展离不开所处的经济环境，地区经济发展状况不同会影响到企业环保意识、环保压力以及绿色融资渠道。经济欠发达地区可能会由于温饱问题而将经济发展问题排在环境问题之前。沈洪涛和马正彪（2014）认为地方政府在地区经济发展速度有所下降，并且面临较大GDP增长压力的情况下，很有可能会选择追求短期经济发展业绩而牺牲长期环境利益。因此，环境规制强度、地区经济发展状况对企业环保投资的影响方向与程度也应该是一个值得深入研究的领域。

第2章 政治关联与民营企业环保投资的理论分析

本章对研究政治关联与企业环保投资间关系具有一定指导意义的理论基础进行重点梳理，主要包括企业资源基础理论、寻租理论、外部性理论以及环境规制理论。

2.1 资源基础理论

企业的生存和发展均建立在拥有特定资源的基础之上，以此形成自身独特的竞争优势。在很长一段时期内，学术界认为企业竞争优势形成的资源来源于市场结构和外部力量的共同作用，而忽略了企业自身所具有的资源优势（林启艳，2016）。资源基础理论的出现，填补了既有理论的不足，并成为企业生存和竞争的重要理论基础。

2.1.1 资源基础理论的主要内容

2.1.1.1 资源基础理论的发展与演化

资源基础理论正式形成于 20 世纪 80 年代，以 Wernerfelt（1984）发表的《企业的资源基础论》为标志。在此之前，关于企业异质性的思想已经开始出现并广泛传播，这成为企业资源基础理论形成的重要来源。根据刘力钢等（2011）的总结，资源基础理论的形成有赖于两个假设前提：一是企业拥有资源的异质性，二是资源在企业内部的不完全流动性。正是由于资源的异质性，企业生产的过程和结果才具有了独特性（Penrose，1959；Peteraf，1993），而造成这种情况的关键原因就是市场的不完全和特定资源的难以替代性（Rumelt，1982；Dierickx and Cool，1989）。同样，资源在企业内部的不完全流动性源自资源的异质性，一些资源显著优于另一些资源，从而使企业生产效率出现差异。

从 1984 年资源基础理论正式形成以来，经过众多学者的发展完善，该理论已经形成了比较完善的理论体系。从演化过程来看，资源基础理论主要有两种发展思路：一是基于企业内部资源的异质性研究维持企业竞争优势和绩效差异的来源，二是基于市场竞争研究如何选择合适的竞争战略以保障企业竞争优势。

对于第一种发展思路，Barney（1991）建立了一个研究的基本理论框架，将企业所需的资源区分为一般性资源和战略性资源，并特别强调了战略性资源对企业竞争的重要意义。之后的学者们均认为战略性资源是企业保持竞争优势的关键，并指出其必须具备持续性、稀缺性、可转移性和难以替代性等特征（Grant，1991；Amit and Schoemaker，1993；Collis and Montgomery，1995）。在此基础上，Barney（2002）进一步总结概括了企业战略性资源的异质性特征，即稀缺性、有价值性、不可完全模仿性和可组织性。沿着这条思路，其他学者也给出了企业异质性资源带来竞争优势的解释，主要体现在无形资源和管理能力等方面（Eisenhardt and Martin，2000；Teece，2007）。

对于第二种发展思路，Peteraf（1993）侧重从差异化市场竞争战略对企业获取异质性资源的影响视角，解释企业竞争战略选择和绩效差异的来源。Peteraf 认为在不完全竞争市场环境下，企业依靠异质性资源维持竞争优势可以选择四种策略：一是资源竞争策略，二是资源转移竞争策略，三是事前竞争限制策略，四是事后竞争限制策略。有了可供选择的资源竞争战略，学者更关心的就是竞争优势的来源。有的研究从契约论出发认为合理有序的竞争规则是保持企业良性竞争的重要原因（Foss，1996），也有研究认为企业资源竞争和竞争优势来源于企业家的知识创造和整合（Grant，1996；Spender，1996），还有研究指出"学习机制"和"隔离机制"具有重要影响（Zollo and Winter，2002）。

2.2.1.2　资源基础理论的核心内容

资源基础理论的核心观点认为，企业作为一个组织，是各种资源的汇聚载体，这些资源由于内外环境的差异而具有一定独特性和异质性，从而形成了不同的企业核心竞争优势（Barney，1991）。概括来讲，资源基础理论的核心内容有如下三个方面：

第一，资源的异质性和分类。根据 Wernerfelt（1984）的思想，可以将企业资源定义为能够给企业带来竞争优势或竞争劣势的东西，这些东西既可以是有形的物资、资本、劳动等，也可以是无形的技术、品牌和声誉等。不论是有形还是无形的资源，都会因各自禀赋的差异而导致资源的异质性，典型特征体现为资源的有价值性、稀缺性、难以替代性以及可组织性（Barney，2002）。关于异质性资源的分类，国外的早期研究将其简单地分为物质资源、人力资源和财务资源（Ansoff，1987），或者离散型资源和系统型资源（Amit and Schoemaker，1993），Dollinger（1995）将其整合归纳为物质、财务、知识、组织、技术和声誉六大类。国内方面，宝贡敏（2001）认为，异质性资源主要包括企业资产和企业潜能两类；罗友花（2009）根据表象标准将异质性资源划分为有形资源和无形资源，根据功效标准将异质性资源划分为一般性资源和战略性资源；柳青和蔡莉（2010）则将异质性资源划分为人力、财务、物质、技术和组织五类。

第二，异质性资源是保持企业核心竞争优势的主要来源。资源基础理论的观点是，企业经营决策的过程就是充分利用各种异质性资源的过程，从而使这些资源最大限度地创造价值（Sirmon et al.，2007）。一般而言，由于受到各种潜在因素的影响，企业的经营决策具有不确定性、复杂性和内部冲突性，这就使得资源在使用过程中可能出现不同的组合效率。根据 Barney（1991）的观点，正是在企业经营决策过程中，异质性资源产生了能够使企业获得竞争优势的典型特征，即很稀缺、有价值、不能彻底被模仿、难以替代，后三者是真正起决定作用的因素。在经济利益的驱使下，不具备某种资源竞争优势的企业必然会模仿具有竞争优势的企业，或者尽快寻找到能够替代其优势的资源，那么，对于一个企业而言，如想依靠异质性资源保持长期的竞争优势，其所拥有的资源必须不可模仿和难以替代（Jüttner and Wehrli，1994）。资源基础理论的观点认为，至少有路径依赖、模糊的因果关系以及模仿成本高昂这三种因素能够抑制企业间的恶性模仿竞争行为（张书军和苏晓华，2009）。

第三，战略性资源的获取途径和管理。资源基础理论提出企业要培育和获取能给企业带来竞争优势的特殊资源，虽然并没有提供获取战略性资源的具体方法，但该理论为企业的长期可持续发展指明了一定方向。总体而言，资源基础理论认为企业可以通过组织员工学习理论知识与职业技能培训、强化高层管理人员的知识协同与传递、建立企业外部网络等方式获取有利于培育企业长期竞争优势的战略性资源（Farashahi and Hafsi，2009）。

2.1.2　资源基础理论与企业政治关联

资源基础理论认为，一个企业的生存和发展建立在特定的异质性资源基础之上，正是这些异质性资源的整合才使企业能够维持一定的竞争优势。对企业而言，与政府之间的政治关联也是一种十分重要的异质性资源，特别是在中国社会经济条件下，维持和利用好这一资源可以为企业带来各种利益，对企业的长期发展至关重要。

根据资源基础理论，政治关联之所以可以视为企业发展的一种重要资源，在于"关系"的存在，基于"关系"文化的社会关系网络在资源配置中具有深厚的历史根基。从学理上来讲，"关系"是"社会逻辑"的通俗化表达，企业试图与政府建立政治关联也是基于一定的社会逻辑考量之后的决策。企业作为一种生产主体，也是一种最常见的组织，只有依靠各种资源和人力整合，组织才能正常运转。从这个层面看，资源基础理论实质上也一定程度上关注了企业与政府间的相互依赖、相互合作、相互利用等关系（熊吟竹，2014），也就是说，政治关联将企业与政府之间的关系以非正式制度的方式确立起来。同时，政治关联作为企业的无形资源，在大多数时候可能不是某个企业完全占有，但企业可以使用一定的手段最大化地利用这种资源（罗珉，2008）。因此，资源基础理论认为，企业有动机也有必要利用企业核心管理人员的"关系"资源，与政府建立固定的政治关联并使其为企业的经营发展服务，达到降低生产成本和提高竞争力的目的。

2.1.3　资源基础理论与企业环保投资

企业进行环保投资一方面是出于应对政府环保政策和压力的考虑，另一方面也是企业履行社会责任的体现。从现代企业文明发展的层面来看，社会责任的履行对企业品牌的长期影响力正在起着日益重要的作用。资源基础理论认为，企业之所以会进行环保投资，正是因为企业借助所拥有的资源形成了一定的竞争优势，这种竞争优势使得企业必须拿出与之相适应的社会责任感（杨爽，2015）。

根据资源基础理论的核心思想，企业将各种可利用的异质性资源聚集起来，使其在特定的组织结构中发挥各自的作用，从而形成企业独特的竞争优势（Wernerfelt，1984）。在这些异质性资源中，有形的设备、资金、产品和无形的品牌、声誉、技术等资源在企业家、经理人、劳动者等人力资源的整合下，使企业竞争优势展现出独特性。但资源基础理论则认为，市场竞争优势的形成是企业资源创造价值的必由之路，特别是那些独特性、创造性更高的资源，将为企业带来更大的竞争优势和更丰厚的利润空间。企业通过环保投资所体现的社会责任本质上可以视为企业的一种无形资源，它能够在市场和社会中树立企业良好的品牌和声誉，对企业长期经营产生积极影响（万莉和罗怡芬，2006）。企业通过环保投资为环境治理和保护做出应有的贡献，既执行了政府的环境保护法律和政策要求，使政府对其满意度提升，从而获取政府更多的融资和税收优惠，同时也有助于在社会公众心目中打造良好的企业形象，大大提升企业竞争优势和市场占有率。因此，就这个意义而言，具有长远发展目光的企业往往会更充分地利用既有资源和优势扩大企业环保投资，如此，既很好地履行了应担负的社会责任，也显著地提升了企业竞争力。

2.2　寻　租　理　论

2.2.1　寻租理论的主要内容

2.2.1.1　寻租的理论渊源

寻租理论最早源自 Tullock（1967）对垄断的福利成本问题的研究，在其经典论文《关税、垄断和偷窃的福利成本》中，他认为在完全竞争理论的指引下，人们大大低估了税收和垄断造成的福利损失，原因就在于人们会通过"关系"争取获得更多的收益，即所谓的寻租思想。"寻租"作为一个正式的理论概念，由 Krueger（1974）在其经典论文《寻租社会的政治经济学》中首次提出。在这篇论文中，为了探究国际贸易保护主义的形成原因，Krueger 将 Tullock 的思想进行了拓展，认为国家之间争夺进口权以获取进口垄断租金，这会导致大量的寻租活动从而造成社会福利损失和经济增长放缓。Krueger 还首次将寻租定义为

"那些利用资源通过政治过程获得特权从而对他人利益的损害大于租金获得者收益的行为"。Tullock 和 Krueger 的开创性研究使寻租理论成为一个重要的经济学分支，后来一批经济学家又从不同的角度对其进行了更加深入的研究，使寻租理论的影响更大。例如，Buchanan（1980）不仅定义了"寻租"，还定义了"租金"和"寻利"，同时，论述了寻租的三个层次——对政府活动所产生的额外收益的寻租、对政府"肥缺"的寻租和对政府收入的寻租——之间的关系。Bhagwati（1982）基于"直接非生产性寻利"这一概念认为：寻租既包括在政府干预条件下的寻租行为，也包括寻求政府干预的相关活动，将寻租活动扩大到了更广的范围。从此，寻租理论以其特有的解释力渗透到众多经济学、社会学、法学、政治学等学科分支中。

2.2.1.2　寻租的条件和成因

寻租产生的条件是存在限制市场进入或市场竞争的制度或政策，这往往与政府干预经济活动的特权相关。当政府对经济活动进行干预时，追逐利润最大化的企业发现实现预期目标的难度大大提升，这就迫使它们对政府进行寻租，以求获得额外收益（Buchanan，1980；冯延超，2011）。关于寻租产生的原因，学术界认为有宏观和微观两个层面的因素。

在宏观层面，寻租行为被认为是制度作用的结果（刘汉霞，2012）。在制度经济学中，不论是正式的制度或规则，还是非正式合约，都是对特定行为的约束，并且非正式制度可以解决众多无法由正式制度覆盖的问题（诺思，2000）。虽然理性人都有最大化自身利益的倾向，但寻租却破坏了制度的约束性。Buchanan（1980）的研究指出，市场中同时存在寻租和寻利行为，在完美条件下二者没有什么区别，但制度因素造成了二者的差异。根据这一思想，寻租就是突破了特定的制度约束而对社会造成损失的行为（赵娟，2006）。因此，制度导致了寻租行为的产生。但是，相对而言，制度也可以成为抑制寻租行为的武器（卢现祥，2002；邱晖，2009）。

在微观层面，同样是制度导致了寻租行为的产生，只不过此时制度通过界定微观经济主体的选择域发生作用（严密，2009）。不同的制度安排所形成的激励结构是不同的，这些激励会对在特定制度安排框架下进行交互的各微观行为主体产生差异化的影响，从而导致不同的经济和社会绩效。在这个过程中，代理人的道德风险与制度结合，就可能导致寻租行为的产生，并且这种寻租行为会呈现层次性和递进性的特征。因此，寻租行为产生的微观动因仍离不开制度的作用。同样地,只要制度安排合适并对微观行为主体的激励结构合理,也能在一定程度上抑制寻租行为。

2.2.1.3 政府设租及其类型

寻租理论认为,正是政府的行政权力对经济活动的干预为具有政治关联的企业获取额外利益创造了条件,从而形成权力寻租。根据贺卫(1999)的概括,政府也会因为权力而设租,并且可以分为无意创租、被动创租和主动创租三类。政府无意创租,是指政府本意是为了发展经济而干预市场,结果却给寻租活动创造了机会。比如,改革往往是从试点开始,就会给予试点单位一些优越的条件或待遇,那么,为了成为试点单位就会导致各方面的力量参与寻租活动。政府被动创租,是指一旦寻租者拥有了政府所创造的租金,就可能绑架政府使其成为寻租利益相关者的情形。比如,国家对政府官员的全面包下来政策为政府官员提供了不合理的保障,不利于干部队伍优胜劣汰,想要剔除这种"租金"(政府官员的待遇优势)又会遇到各种阻力,政府不得已会通过"赎买"(如提前退休)的方式加以解决,而这实际上是在为既得利益集团服务。政府主动创租,是指政府为了获得额外收益,会将一些规则或标准进行模糊化处理,主动吸引企业或其他行为主体来寻租。

2.2.2 寻租理论与企业政治关联

企业的政治关联是企业生存发展的一种资源,但在其建立和形成的过程中需要与政府发生种种联系,寻租腐败现象的产生往往不可避免。因此,解释企业的政治关联现象离不开寻租理论的支撑。

根据前文对企业建立政治关联方式的文献梳理,寻租是企业与政府形成政治关联的方式之一。根据雷荣(2013)的总结,企业通过寻租谋求与政府之间的政治关联主要有以下三种途径:一是与政府部门的核心官员建立密切的私人关系,在这个过程中往往涉及贿赂、贪污等非法手段;二是企业主要管理人员通过人脉关系网与政府官员建立私人联系,甚至获得在政府部门任职的机会,这种寻租过程可能是正常的社会关系寻租,也可能伴随着人情关系与权钱交易;三是企业与政府之间出于共同的利益考虑形成某种固定的联盟或集团关系,这种寻租模式建立的政治关联在我国更多地出现在房地产行业中。

结合我国的具体经济体制和国情特点,可以运用寻租理论解释企业的政治关联行为，这主要体现在以下两个方面：

首先，我国当前仍处于经济转型期，政府在市场经济发展过程中拥有较强的干预权力，这就提供了可供瓜分的"租金"和权力寻租的前提条件。同时，鉴于我国地区资源禀赋与经济发展的差异以及行业之间的异质性，政府往往采取试点先行、逐步推广的经济发展策略，试点地区和产业一般可以享受优越的政策条件和政府扶持，因此这些地方或行业的企业自然会努力争取进入试点，通过权力寻租与政府形成密切的政治关联就成了它们达到目的最便捷也是最普遍的手段。

其次，虽然政府具有一定的经济干预权力，而且在我国的市场经济体制下政府宏观调控在大多数时候确实起到了促进经济发展的作用，但是，市场毕竟在资源配置中起决定性的作用，因此，政府在政策制定和执行过程中也会留给市场主体（特别是企业）一定的自由，这无疑为企业的利益寻租创造了条件。企业为了获得有利于自身发展的资源和政策，一般会联合具有相同或类似目标的企业建立企业联盟，共同游说政府采取更加有利于自己发展的制度或政策，政府也可能出于发展某个特定产业的考虑支持这种利益诉求，从而企业与政府之间就形成了比较密切的政治关联。这个过程本质上就是企业利益寻租的最直接体现，企业通过寻租建立与政府的政治关联，以便于自己更容易地获取资源和攫取利益。

2.3　外部性理论

2.3.1　外部性理论的主要内容

2.3.1.1　外部性理论的产生与发展

社会的本质在于人类的相互依赖性，社会经济的发展也会加强人类的相互依赖性，因此，可以认为外部性根源于人类行为的相互依赖性（贾丽虹，2007）。其实，早在 20 世纪 90 年代，就有观点认为外部性是人类相互依赖行为的产物和重要组成部分之一（Coleman，1990）。借助简单的两人外部性模型，可以得出关于外部性产生根源的这样一个结论：外部性是人类行为相互依赖性存在形式的子集，也就是说，外部性的产生根本源泉在于人类行为的相互依赖（贾丽虹，2007）。对于两个行为主体 A 和 B，它们是外部性发生的必要条件，缺少了任何一个就不可能产生外部性，因为失去了外部影响的作用对象。这种观点实际上是对相互依赖的一种细分，外部性即无效率的相互依赖性，而非外部性则是有效率的相互依赖性（Arrow，1970；Baumol and Oates，1975）。

关于外部性理论的研究，起源于"外部经济"这一概念。在《经济学原理》这本经典著作中，Marshall（1920）写到："我们可以把由于任何一种产品的生产规模扩大而发生的经济分为两类，第一类是依赖于产品所属行业的一般发达所产生的经济，第二类是依赖于行业中个别企业自身资源、组织和经营效率的经济。可以将前一类称作'外部经济'，将后一类称作'内部经济'"。由于当时只是提出了"外部经济"的概念，没有提到相对应的"外部不经济"或"负外部性"概念，因此，Marshall 的"外部经济"只是对经济规模扩大的原因进行了理论抽象，就类似一个描述现象的"空盒子"（Clapham，1922）。随后，Pigou（1924）在"外部经济"的基础上衍生提出了"外部不经济"概念，并将环境污染视为一种"外部不经济"现象。至此，外部性理论才算真正意义上形成。

自 Pigou（1924）之后，学术界对外部性理论的研究日益深入。例如，Ellis and Fellner（1943）研究了外部性与非专用性之间的关系，并认为资源的稀缺和产权分离导致了非专用性的产生。Meade（1952）在"许可"和"显著性效应"的基础上考察了外部性对人际关系的影响。Scitovsky（1954）首次通过数学形式论证了企业生产外部性的函数关系。Bator（1958）认为，（负）外部性本质上就是市场失灵，二者只不过是从不同的角度加以描述。Coase（1960）首次采用"交易费用"的概念来解释外部性和市场失灵产生的原因，开创了外部性解释的制度经济理论。此后，又有大量理论和实证文献对外部性产生的原因进行了比较系统深入的探索，例如，Davis and Whinston（1962）、Starrett（1972）、Papandreou（1994）等。

20 世纪 80 年代以来，伴随着新古典经济增长理论和理性预期主义的兴起，人们对外部性理论研究的重点逐渐转移到如何将其内部化方面，其中大多研究与环境规制相关，并且侧重从产权归属与界定的视角解释环境污染这一外部性问题（Roberts and Spence，1976；Varian，1994；王金南，1997；朱大洪，1998；

Petrakis et al. , 1999；沈满洪和何灵巧，2002）。

2.3.1.2 外部性的内涵与分类

Marshall（1920）和 Pigou（1924）分别提出并定义了"外部经济"与"外部不经济"，这相当于将外部性分成了两部分，没有统一起来。后来，很多学者将二者结合定义外部性，根据外部性的产生主体和接受主体，可以将这些定义分成两类（赵丽琴，2011）。第一类是站在外部性产生主体的角度上进行定义，例如"那些生产和消费对其他群体强征了不可补偿的成本或给予了无须补偿的收益就是外部性"（萨缪尔森和诺德豪斯，1999）。第二类是站在外部性接受主体的角度进行定义，例如"外部性表示企业某种行为的成本或收益超出决策者考虑范围所产生的影响，即有些收益并非企业本意想给予其他群体却给予了，而有些成本本来不应施加给他人却施加了"（兰德尔，1989）。此外，Buchanan and Stubblebine（1962）、Baumol and Oates（1988）、植草益（1992）、张五常（2000）等也从其他不同的视角对外部性下过定义，这里不再赘述。

基于不同的外部性内涵定义标准，可以将外部性主要分类如下：第一，从外部性的影响后果来看，外部性可以分为正外部性和负外部性，前者表示某种经济活动或行为对外界所产生的积极影响，后者是指某种经济活动或行为对外界所产生的消极影响；第二，基于外部性是否会对资源配置效率产生影响，外部性可以分为技术外部性和货币外部性，技术外部性指的是某种经济活动或行为对资源配置效率具有影响，但这种活动或行为却无法通过价格机制进行调节，货币外部性认为经济活动或行为可以通过价格变化对资源配置效率产生影响；第三，根据实施外部性的不同主体，外部性可以区分为生产外部性与消费外部性，前者的实施主体为企业或厂商，后者的实施主体是消费者；第四，根据经济主体是否能够对其他经济主体行为对其产生影响进行预期，外部性可以区分为可预期外部性和不可预期外部性；第五，若外部性的产生来源于公共物品，则称这种外部性为公共外部性，反之，如果外部性的产生是由于私人产品的竞争和排他性，则称这种外部性为私人外部性。

2.3.2 外部性理论与企业环保投资

由于外部性的存在，企业生产在创造商品价值的同时，也产生了一定程度的环境污染。对社会公众和自然生态而言，环境污染就是典型的负外部性（Pigou，1924）。为了尽可能减少环境污染这一负外部性的影响，政府需要进行科学合理的宏观调控以实现社会总福利的最大化。外部性理论为政府环境治理和解决生态环境问题提供了重要的理论基础和依据。

根据外部性理论，企业生产造成的环境污染虽然是一种负外部性，但这种负外部性的影响并不是无限度的，而存在一个最优值。假设 *NEMR* 是企业生产活动的净边际收益，表示企业生产过程中产出变动一单位所带来的净收益。用 *EMC* 表示企业生产的边际成本，它可以反映人们对企业环境污染的响应程度。在图 2 - 1 中，*NEMR* 和 *EMC* 两条曲线下方的面积分别表示企业能够获得的净收益和需要付出的总成本，在企业外部性存在的条件下，社会最优化的目标是使企业总收益与总成本之差最大。可以看出，只有产出水平维持在 Q^* 处时（*NEMR* = *EMC*），社会目标最优化才能够得以实现。

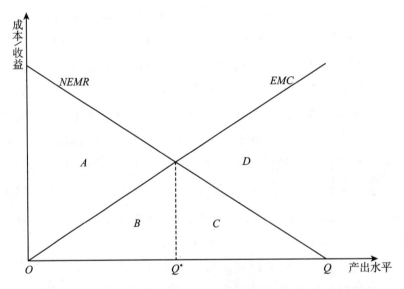

图 2 - 1 企业最优产出（排污或环保投资）水平的决定

将这一原理应用到企业环境污染和治理问题上，可以解释为环境约束条件下企业追逐利润最大化和减少环境污染之间的权衡。如果不受环境约束，企业必然追求利润最大化，此时，企业可以将全部资金用于生产，产出水平将出现在图 2 - 1 中的 Q 处，但此时社会净收益可能很小甚至为负（用面积表示，等于 $D - A$）。显然，这不是政府想要看到的情形，为此，政府会通过强制性的环境法律、法规和行政方案要求企业将产出规模保持在与环境污染相适应的水平上。在这种情况下，企业不得不拿出一部分资金用于环境保护，这会使其产出水平

低于 Q。当 $Q = Q^*$ 时，企业在环境约束的条件下既保证了其净收益的最大化（用面积表示，等于 $A + B$），也可以使社会净收益实现最优化（消除了由面积 $C + D$ 所表示的企业非最优外部性影响）。

既然外部性的存在，使得企业生产不能维持在最优水平上，环保投资规模的设定也需要与企业生产目标和社会效益目标相适应。那么，如何使企业环保投资的外部性内部化呢？目前主要有两种解决途径：一种是以科斯定理为理论依据的市场机制，另一种是基于庇古税的政府干预。以科斯为代表的一批经济学家认为，只要市场中产权明晰且交易成本为零，那么，市场机制就能够解决企业生产造成的环境污染负外部性。但是，在实际经济运行过程中，交易成本是客观存在的。即使如此，一些强调市场配置资源作用的学者也认为市场机制可以解决企业生产过程中所造成的环境污染。他们的主要理由在于，交易成本的存在会促使企业在排污之前基于预期收益与可能受影响的市场主体和公众进行谈判，谈判的结果意味着企业将在不影响其最优净收益的前提下增加一部分资金用于环保投资，尽可能使社会受企业环境污染负外部性的冲击降到最低。

主张政府干预经济的学者认为科斯定理提出的解决企业环境污染负外部性的办法缺乏实践有效性，他们认为，环境与生态资源属于公共物品，无法实现严格的产权明晰，那么，当企业生产造成环境污染时就无法找到具体的产权受损对象。在这种情况下，依靠市场机制去解决环境污染的负外部性显然是不切实际的，只能通过政府干预的手段才能迫使企业降低排污。庇古税（现在更多地称为"排污收费"）就是政府干预解决企业环境污染负外部性的一种手段，它以税收的形式对企业排污行为施加惩罚，以达到缩小企业成本与社会成本之间差距的目的。直观理解，以庇古税为基础的政府干预手段并没有直接促使企业增加环保投资，但却对企业的排污行为造成了不可避免的冲击，当税率达到一定程度，使企业难以承受排污所带来的惩罚性税收时，企业必然会通过主动增加环保投资的方式规避这种损失。

2.4　环境规制理论

由于环境问题的日益突出，各国都不得不采取相应的环境规制，以期改善环境质量。传统依靠政府管制和宏观调控的政策带来经济高速增长的同时，也产生了严峻的环境问题，这就引起了理论界特别关注的环境规制问题，形成了环境规制理论。

2.4.1 环境规制理论的主要内容

2.4.1.1 环境规制的概念界定

张红凤和张细松（2012）指出，对环境规制概念的理解应从其内涵、手段和效率三个方面展开。首先，从内涵上来讲，环境规制指的是政府为达到经济发展与环境保护相协调的目标，通过制定合理的环境政策与措施，调节企业经济活动所衍生的环境负外部性。其次，环境规制的手段一般有行政手段和经济手段两种，前者如排污配额、排污许可证等，后者如排污权交易、环境税收等。最后，对环境规制效率进行评价是环境规制制定的基础，环境规制效率评价主要包括环境规制的成本分析和效益分析。概而言之，环境规制就是政府在一系列环境评估的基础上，以实现经济环境协调发展为目的，所采取的各种手段的集合。

2.4.1.2 环境规制的动因和目标

对环境规制的动因可以从规范和实证两个角度进行分析，前者侧重环境资源的公共产品性质和环境污染的负外部性，后者涉及利益相关者的博弈与影响（张红凤和张细松，2012）。

首先，基于规范研究视角，由于环境资源属于公共产品，但出现环境污染问题时，单纯依靠市场机制很难实现环境污染的有效治理，必须依靠政府的环境规制，才能实现经济发展和环境保护相协调。在这个规范动因中，环境资源的公共产品性质决定了其在供人们消费的过程中可能出现"公地悲剧"问题，这就需要借助政府的力量进行有效规制。同样地，环境污染的负外部性与环境资源的公共产品性质结合，决定了环境污染属于公共外部性，依靠市场的私人谈判是无法解决这一问题的，必须通过政府的环境规制手段进行干预。

其次，基于实证研究视角，环境规制在实现供需均衡的过程中存在诸多利益相关者，它们之间的动态博弈造成了环境规制的产生。当环境规制供给不足或存在缺失时，公共利益或弱势群体的利益就会受到损害，强势利益集团（环境污染制造者）则能够获得极大的利益。在这一视角下，政府进行环境规制的目标就是尽可能地满足大多数利益相关者的利益诉求，从而降低环境污染，提高环境质量。但是，代表环境污染的利益相关者也会对此产生阻碍，严格的环境规制也因此可能产生更高的经济成本。因此，如何平衡各利益相关者的环境诉求，就成了政府实行环境规制必须要考虑的因素。

2.4.1.3　环境规制的主要工具

根据学者归纳，主要的环境规制工具包括命令—控制型、市场型和自愿型三类（彭海珍和任荣明，2003；张嫚，2005；章泉，2009；赵霄伟，2014）。命令—控制型工具即环境规制的法律和行政手段，它通过立法、执法或行政命令要求企业担负起一定环境污染治理责任。通常，命令—控制型工具会制定一个统一的环境规制标准，被规制者只能选择被动地遵守相关规章制度，若未遵守则会受到一定法律或经济惩罚。市场型工具是政府借助于市场信号信息，通过可交易许可证、污染收费、环境税和环境补贴等方式，引导企业实施环境污染治理行为，其目的是激励企业减少环境污染排放。自愿型工具作为环境规制方法相比于其他类型更具有弹性，主要是企业自我环境规制基础下，政府给予企业一定程度的规制豁免，但也需要依靠企业高尚的环境觉悟。

三种环境规制工具在具体形式和实施方式方面存在一定的差异，但是它们都以保护环境、建设生态文明为最终目标，三者之间并不存在替代关系，在特定的条件下可以综合使用。

2.4.2　环境规制理论与企业环保投资

根据学术界大量理论和实证研究，环境规制理论在限制企业污染排放和增加环保投资方面可以产生有效的指引作用（Leiter et al.，2011；颉茂华和王媛媛，2011；唐国平等，2013；肖欣荣和廖朴，2014）。事实上，环境规制理论中主要的内容之一就是政府环境规制的实施必然会对企业的环境决策产生影响。企业作为环境规制的作用对象，在政策压力之下不得不重新思考既定的企业生产决策。

首先，从环境规制的内涵和目标来看，它旨在调节企业生产过程中所产生的环境负外部性以促进经济发展与生态环境相协调，这就意味着，企业由于受到环境规制的影响，生产过程中的排污行为应当有所减少或者通过增加环保投资来修复已经造成的环境污染。其次，从环境规制的手段来看，不论是行政手段还是经济手段，都会造成企业排污成本的上升，如果企业不严格执行政府的环境规制政策和要求，那么必定受到严厉的经济或行政处罚，当处罚力度超出企业所能承受的范围时，企业只有通过增加环保投资来规避由此带来的成本上升。再次，从环境规制的目标来看，政府作为公共利益的代表，要实现经济发展与生态环境和谐共生，必须加强对企业的环境污染行为的制约监督，通过一系列法律、行政法规和经济手段，政府要么强制要求企业减少或停止排污，要么要求企业增加环保投资以改善环境质量。最后，从环境规制的工具来看，环境补贴是一种重要的环境规制工具，在常规手段难以调动企业增加环保投资积极性的情况下，政府往往可以给予排污企业一定的环境补贴换取其增加环保投资。

本节着重对企业资源基础理论、寻租理论、外部性理论和环境规制理论的主要内容进行梳理，这些理论是本书研究不可或缺的理论基础。对民营企业而言，其生存发展离不开必要的资源和要素，因此，需要资源基础理论的指引。民营企业的政治关联既是企业生存发展的一种资源，也会因为其建立方式和过程与政府发生种种联系，而产生寻租腐败现象，因此，解释民营企业的政治关联现象需要寻租理论的支撑。民营企业在生产过程中会产生一定程度的环境污染，这属于一种负外部性，因此，有必要对外部性理论加以解读。此外，民营企业环保投资决策除了很少一部分是企业主动做出的，绝大部分是因为受到政府环境规制的约束，不得不采取的权宜之策，因此，还需要环境规制理论的相关知识。

第3章 政治关联与民营企业环保投资现状分析

3.1 民营企业政治关联的制度背景

3.1.1 中国制度背景下的民营企业政治关联

对于成熟、完善的市场经济，企业一般具有资源配置的自主权，政府起到的干预作用微乎其微。但是，在市场机制不完善的情况下，政府往往成为掌握资源和要素配置的主导力量，企业的生存发展在一定程度上需要依附于政府。然而，政府毕竟不是价值创造的市场主体，经济发展和社会进步还需要依靠企业生产并创造价值。鉴于政治环境和经济社会制度对企业的生产发展影响巨大，企业也意识到必须实施一定的政治策略，与政府形成某种关联。

特别是在我国，历史上长期形成的"重农抑商"思想对企业发展的影响至今存在。新中国成立以来，由于意识形态和政治导向，只有国有经济和相关企业得以发展壮大，民营企业几乎消失殆尽。改革开放以后，国家从计划经济向市场经济逐步过渡，民营企业开始发展壮大，但与国有企业相比仍然处于相对弱势地位。在这种制度背景下，企业（尤其是民营企业）为了生存和发展，不得不与政府建立某种形式的关联，以规避可能受到的体制风险。在中国特殊的政治和经济制度环境下，民营企业一般通过以下方式与政府建立政治关联：一是邀请退休政府官员进入企业管理层，指导企业的管理工作，特别是解释政府关于企业的相关政策；二是政府官员主动"下海经商"创业，此类企业一般出现在改革开放初期，由于政府官员的个人关系，这些企业一般与政府之间的政治关联密切；三是企业高层管理人员担任人大代表、政协委员或政府顾问，这可以使企业获得更多更直接的政策信息和资源，同时，相比前两种方式，这种方式是新时期企业政治关联建立的最常见方式。

鉴于企业通过人民代表大会制度和政治协商制度建立与政府的政治关联相当普遍，而这两种制度是中国制度相比其他国家的特殊之处，那么，民营企业高层管理人员的政治身份以及由此建立的民营企业政治关联也具有一定的特殊性，具体表现在以下四个方面：

首先，民营企业高层管理人员担任人大代表或政协委员不仅取决于其个人意愿和能力，更重要的是需要党政部门的推荐。对人大代表而言，尽管宪法规定其由选举产生，但实际实施过程是不公开的申请竞选，且候选人必须经过党委和政府相关部门的推荐。政协组织作为爱国统一战线，受党委领导，委员的产生也是在党委领导下由政协组织内部协商推荐的结果。因此，民营企业管理人员要想担任人大代表或政协委员必须得到党委和政府部门的认可才行。

其次，民营企业高层管理人员通过人大代表、政协委员、政府顾问等身份参政议政不仅可以为企业带来一定的政治资源，对个人而言也是极高的政治荣誉。中国数千年来一直存在"官本位"的思想，官员具有很高的政治地位，个人也以踏入仕途做官为荣。随着我国市场经济的逐步发展，民营企业对经济增长和社会进步的作用日益增大，政府为了给予民营企业一定的激励，使民营企业管理人员具备与政府官员类似的政治地位成为一种常用的手段。另外，民营企业随着自身实力的增强，也希望谋求一定的政治话语权，那么，担任人大代表、政协委员或政府顾问就成了一条重要途径，而这些头衔在官本位的文化传统和现行政治制度下也就具有了政治荣誉的色彩，相当于对企业管理人员个人价值的认可。

再次，民营企业高层管理人员如果具有了人大代表、政协委员或政府顾问等政治身份之后，那么也相应地享有一定的政治权力。根据宪法和相关法律的规定，人大代表在涉嫌犯罪需要逮捕的情形下，需要严格遵循法律程序。对民营企业而言，如果其核心管理人员出现违法犯罪的情况，在现行法律规定之下，至少具有一定的缓冲时间处理企业的相关事宜，不至于给企业造成突然性的冲击。另外，人大代表作为权力机关的构成人员，对政府官员的选举和任命具有一定程度的影响，这就使得民营企业管理人员在担任人大代表之后往往可以与政府官员保持比较密切的联系。

最后，民营企业高层管理人员担任人大代表、政协委员或政府顾问使其身份具有政商两栖化的特点。在中国现行体制下，除了人民代表大会和政治协商会议的常务委员与核心管理人员外，绝大部分人大代表与政协委员都是兼职，这些兼职人员中，来自民营企业高层的管理人员又占据了相当大的比例。这些企业人员在兼任人大代表或政协委员的时候，既代表自身所属企业的利益，也代表社会公众利益，具有政商两栖化的鲜明色彩，而这与西方职业议员制度是截然不同的。

3.1.2　制度影响民营企业政治关联的一般途径

企业政治关联的形成与所处的制度环境紧密相关。正是因为如此，企业（特别是民营企业）就必须充分适应并运用这些制度环境，与政府建立良好的政治关联，帮助企业在发展过程中获得必要的资源和政策支持（唐衍军，2012；雷荣，2013）。一般来讲，制度背景对民营企业建立政治关联的影响主要体现在以下几个方面：

第一，政府管制。虽然市场在资源配置中起着基础性的决定作用，但是在很多国家，尤其是转轨经济体中，政府管制仍然广泛存在。在市场经济条件下，政府管制往往出于两个方面的动机：一是维持自然垄断行业利润，二是预防寻租行为的出现。在前一种情况下，政府权力的集中就会限制非国有企业人员参与到这些行业的竞争中来，从而民营企业就难以建立政治关联（Boubakri et al.，2008）。对于后一种情形，政府一般会通过管制对主要官员参与经济活动进行约束，并且这种管制力度越大，就越不容易形成政治关联（Faccio，2006）。可见，理论上政府管制会对民营企业建立政治关联产生不利影响，然而现实情况却是，高度权力集中的政府管制体制产生了大量的政治关联现象，越来越多的政府官员进入企业担任重要职务（Helland and Sykuta，2004）。

第二，寻租腐败。对于民营企业而言，由于不像国有企业那样与政府存在天然的政治联系，因此，它们要想与政府建立持久稳固的政治关联，就不可避免地会采取贿赂的方式，从而导致寻租腐败现象的产生（冯延超，2011）。在一个廉洁程度较高的社会环境中，政治关联现象相对较少，这是因为即使企业试图通过行贿官员来建立政治关联，也会因为官员的相对廉洁而成效甚微。相反，如果一个社会的腐败现象普遍而且非常严重，那么政治关联将会广泛存在。但是，实际中政治关联和腐败之间的关系可能并不是如此简单明了，民营企业贿赂官员获得利益并不一定需要官员直接到企业担任要职，可能还有其他途径，从而产生相反的研究结论。

第三，信息披露。信息披露是企业发展过程中绕不开的话题，特别是上市公司必须要定期披露企业财务等相关信息。民营企业信息披露意味着公开企业运营过程中的相关事件和细节，这就可能产生两种影响：一是暴露民营企业与政府之间的寻租腐败行为导致政治关联破裂，二是公开民营企业与政府之间的政治关联并接受外界监督（冯延超，2011）。前一种影响显然不利于企业政治关联的建立和深化，后一种影响则可能使民营企业的政治关联更加稳固。目前，学术界对这两种影响机制的研究结论并不统一，Faccio（2006）的研究认为第二种影响在现实中存在的更多，也可能更接近实际情况。

第四，市场开放。在经济全球化的背景下，市场开放对企业发展的重要性不言而喻。在一国范围内，政府对资本、劳动、技术等生产要素的限制越少，市场开放程度就越高。理论上，在市场开放程度较低的情形下，国内资本、劳动、技术等生产要素与国外同类生产要素之间的自由流动受到阻隔，这样那些依靠市场自由调节生产要素的企业获得资源的难度就会增大。但是，对于具有政治关联属性的民营企业而言，它们可以依靠与政府的这层关系使管制对自身的影响降到最低，从而获得更多的资源和优惠。Johnson and Mitton（2003）的研究也支持市场开放程度与企业政治关联存在负相关的结论。

第五，司法环境。在民营企业建立政治关联的一系列制度背景中，司法环境可能是最具制度性质的。诚然，在法制环境和程度较高的地区，司法体系的运转效率也普遍较高，这样，违法行为受到处罚的概率将会更高，也会更加及时有效。面对透明良好的司法环境，政府在与民营企业之间建立政治关联时也会有所顾忌，尽量在法律允许的范围内进行联系的构建（Faccio，2006）。相反的情况是，在司法环境较差、政府影响司法公正现象较为普遍的地方，民营企业建立政治关联的动机也会更高，所需要考虑的顾忌也会更少，从而政治关联现象更普遍（Boubakri et al.，2008）。

此外，公司自身的特质也或多或少与不同的制度背景相关，例如，民营企业的治理结构、人事管理制度和资产债务制度等，它们也会对民营企业建立政治关联产生一定程度的影响。比如，Agrawal and Knoeber（2001）对美国制造业企业的研究认为，企业贸易政策和债务风险与其是否建立政治关联密切相关，并且会影响企业经营绩效。

3.2　企业环保投资的制度背景

3.2.1　国内生态环境保护的制度背景

中华人民共和国成立以来，政府就开始了生态环境保护方面的法律和制度建设。到目前为止，国家层面颁布的关于环境保护的正式法律超过 20 部，行政法规 40 余项，与此相关的各种政策性文件、方案更是不胜枚举，各地方也根据所面临的主要生态环境问题制定了相应的环境保护法规和政策，环境保护的法律法规体系已经比较健全。与环保法律体系相适应的是，我国环境保护具有较强的制度保障，例如，环境监理政务公开制度、排污收费制度、环境保护专项计划等。

但是，随着生态环境问题的日益突出，各种环境群体性事件屡见不鲜，民众对优越环境质量的渴望日渐强烈，政府也面临着改善环境质量的巨大压力。众所周知，企业是国民经济和社会发展进步的主力军，由企业造成的环境污染占有绝大部分的比重，同时企业的生产也与居民的生活密切相关，因此，政府针对企业的环境法律法规和政策文件也在逐渐增多。在众多企业中，上市公司由于信息披露和受监督程度相对较高，同时也汇集了国内众多大型企业集团，在环境保护方面受到了重点关照，它们也应该担负起这份环境责任。深圳证券交易所于 2006 年发布的《上市公司社会指引》中，要求各上市公司建立起完善规整的环境保护制度，严格控制企业污染排放并负责本企业的环境污染治理。2008 年，上海证券交易所发布《上市公司环境信息披露指引》，规定环境信息披露为上市公司强制性信息披露内容，强化对企业环境保护的引导和监督。2010年，环保部制定《上市公司环境信息披露指南》，明确要求重污染行业的上市公司对企业的环境状况定期披露，接受社会监督。同年，由财政部等五部委联合发布的《企业内部控制应用指引第 4 号——社会责任》认定环境保护是企业应当履行的社会责任之一。

　　另外，在要求企业加强环境保护的同时，针对政府等环保监管部门的法律法规和制度也在陆续增加。"十一五"时期，环境保护只是作为政府工作的一个目标被纳入总体规划和各专项规划，同时也仅仅提到了环保规划执行的考核，却没有涉及出现问题的处理机制。"十二五"时期，环境保护已经成为考核各级政府政绩的主要指标之一，并且环境保护"一票否决制"开始执行，国家对环保监管部门的要求更加明确和具体。2012 年之后，在习近平总书记治国理政方针的指引下，绿色发展成为新时期我国经济社会建设的核心发展理念之一，生态文明建设被提到前所未有的高度。中央、国务院、各部委纷纷制定了关于生态文明建设和环境保护的规范性政策文件，立法机关也陆续修订、出台了一些新的法律法规，例如，《中华人民共和国水污染防治法》《中华人民共和国环境保护法》《中华人民共和国环境保护税法》《环境监察办法》《环境行政处罚办法》《大气污染防治行动计划》等，对加强政府的环境保护工作起到了积极的促进作用。近年来，我国修订或颁布的环境保护有关法律法规及部门规章（部分）如表 3 - 1 所示。

表 3 - 1　　近年我国修订或颁布的环境法律法规及部门规章（部分）

类别	序号	名　　称	颁布部门	颁布时间	生效时间
法律	1	《中华人民共和国水污染防治法》	全国人大常委会	2017 - 06 - 27 修订	2018 - 01 - 01
	2	《中华人民共和国环境保护税法》	全国人大常委会	2016 - 12 - 25	2018 - 01 - 01
	3	《中华人民共和国大气污染防治法》	全国人大常委会	2015 - 08 - 29	2016 - 01 - 01
	4	《中华人民共和国环境保护法》	全国人大常委会	2014 - 04 - 24	2015 - 01 - 01
行政法规	5	《国家突发环境事件应急预案》	国务院办公厅	2014 - 12 - 29	2014 - 12 - 29
	6	《大气污染防治行动计划实施情况考核办法》	国务院办公厅	2014 - 04 - 30	2014 - 04 - 30
	7	《城镇排水与污水处理条例》	国务院	2013 - 10 - 02	2014 - 01 - 01
部门规章	8	《排污许可管理办法（试行）》	环保部	2017 - 11 - 06	2018 - 1 - 10
	9	《清洁生产审核办法》	国家发改委、环保部	2016 - 05 - 16 修订	2016 - 07 - 01
	10	《环境保护公众参与办法》	环保部	2015 - 07 - 13	2015 - 09 - 01
	11	《突发环境事件应急管理办法》	环保部	2015 - 04 - 16	2015 - 06 - 05

续表

类别	序号	名　称	颁布部门	颁布时间	生效时间
部门规章	12	《建设项目环境影响评价分类管理名录》	环保部	2015 – 03 – 19 修订	2015 – 06 – 01
	13	《突发环境事件调查处理办法》	环保部	2014 – 12 – 19	2015 – 03 – 01
	14	《污水处理费征收使用管理办法》	财政部、国家发改委、住建部	2014 – 12 – 31	2015 – 03 – 01
	15	《企业绿色采购指南（试行）》	商务部、环保部、工信部	2014 – 12 – 22	2015 – 01 – 01
	16	《企业事业单位环境信息公开办法》	环保部	2014 – 12 – 19	2015 – 01 – 01
	17	《环境保护主管部门实施按日连续处罚办法》	环保部	2014 – 12 – 19	2015 – 01 – 01
	18	《环境保护主管部门实施查封、扣押办法》	环保部	2014 – 12 – 19	2015 – 01 – 01
	19	《环境保护主管部门实施限制生产、停产整治办法》	环保部	2014 – 12 – 19	2015 – 01 – 01
	20	《建设项目主要污染物排放总量指标审核及管理暂行办法》	环保部	2014 – 12 – 19	2014 – 12 – 30
	21	《环境监察办法》	环保部	2012 – 07 – 04	2012 – 09 – 01
	22	《污染源自动监控设施现场监督检查办法》	环保部	2011 – 12 – 30	2012 – 04 – 01

3.2.2　企业环保投资的制度动因

在我国环境保护法律体系和制度建设的大背景下，企业是否进行环保投资以及如何确定环保投资规模更多考虑的还是经济因素，这与我国转轨时期的经济制度环境也是密不可分的。当前，处于转轨期的我国，仍然是政府主导型的市场经济发展模式，政府对企业行为决策具有一定程度的干预权力，环保投资决策自然也不例外。从理论上分析，企业进行环保投资仍然建立在利润最大化的目标基础之上，只是需要兼顾政府和公众的需求。这样，企业环保投资决策在目前的环境保护制度和经济转型条件下主要源于企业内部和企业外部因素，即内部制度动因和外部制度动因（李永波，2013；王志亮和张彤，2016）。

第一，企业环保投资的内部动因主要体现在道德风险和治理结构两方面。一是企业道德风险。环境问题产生的一个重要原因就在于企业生产的负外部性，因此，依靠企业自身的道德觉悟往往难以压制逐利的动机。在企业的逐利模式下，企业环保投资需要企业主动承担环境责任，克服道德风险，这样才能从根本上增加环保投资的驱动力。二是企业治理结构。根据企业治理理论，企业运行需要公开公正的信息披露，因此，有关企业环境治理和环保投资方面的信息披露无形中会造成企业的一种压力。但是，为了维护企业在政府和公众眼中的良好形象，也为了企业的长远发展，企业经过权衡之后也会在这种机制之下做出环保投资的决策。

第二，企业环保投资的外部动因来源于环境规制、社会文化压力和消费者选择偏好三方面。首先，由于环境问题的日益严峻，政府不得不出台严格的环境规制和配套政策。为了确保规制政策的有效落实，政府会采取一系列具体方案措施，要求企业增加环保投资，改善环境质量。如果企业拒绝或者没有严格执行政府要求，将会受到严厉的惩罚。企业出于各种成本支付的综合考虑，最终会迫于环境规制的压力而增加环保投资。其次，随着社会的进步，生态文明必然成为一种更高的追求。为了实现这种文明状态，社会组织和社会文化将形成更加注重环保的氛围和风气，这也会给企业环保投资施加压力。最后，在当前社会环保意识不断增强的背景下，消费者对环保产品和服务的需求也日益增多，这不仅催生了节能环保等新型产业，也使得传统污染行业为了维持和拓展市场份额采取环保化措施。

3.3　我国重污染行业企业环保投资现状

在实证考察政治关联对企业环保投资的影响机制和具体效应之前，需要对我国企业环保投资的大致情况有所了解。鉴于企业层面环保投资数据的可得性，本书未将全国所有企业的环保投资资料全面吸收整理，只对代表性行业企业的环保投资情况进行分析。在这一小节，本书着重分析中国重污染行业的企业环保投资现状，选取的企业样本是 2008—2015 年在沪深两市 A 股上市的重污染行业企业。重污染行业范围根据 2008 年环保部办公厅发布的《上市公司环保核查行业分类管理名录》划定，具体包含以下 18 个行业：煤炭开采和洗选业（B06），石油和天然气开采业（B07），黑色金属矿采选业（B08），有色金属矿采选业（B09），酒、饮料和精制茶制造业（C15），纺织业（C16），皮革、毛皮、羽毛及其制品和制鞋业（C19），造纸及纸制品业（C22），石油加工、炼焦及核燃料加工业（C25），化学原料及化学制品制造业（C26），医药制造业（C27），化学纤维制造业（C28），橡胶和塑料制品业（C29），非金属矿物制品业（C30），黑色金属冶炼及压延加工业（C31）、有色金属冶炼及压延加工业（C32），金属制品业（C33）和电力、热力生产和供应业（D44）。

3.3.1　企业环保投资概况

根据上市公司年度报告中披露的信息，企业自身的环保投资主要由两部分内容组成：一是企业在建工程中与环保有关的支出，包括废水污水治理工程、废气尾气处理工程、烟气"三脱"（脱硫、脱硝、脱氮）工程、除尘除灰工程、节能节电节水工程、余热发电与利用工程、垃圾发电与治理工程、污泥干化焚烧工程、清洁生产工程、绿化环保工程和污染监测系统工程等方面；二是企业管理费用中用于环境保护的费用，主要包括环保管理费、排污费、绿化费等。此外，政府为了鼓励企业增加环保投资，往往会采取政府环保补助的形式给予企业治理环境污染一定的补偿，这部分资金一般计入企业的营业外收入中，但其确实起到了引导企业加强环境保护的作用，本书在这一节的现状分析中也将其视为一种特殊形式的环保投资。

由图 3-1 可知，2008—2015 年国有企业和民营企业环保投资和获得的政府环保补助变动趋势基本保持一致，总体呈现出上升的趋势，但前者环保投资规模和获得的政府环保补助规模远远大于后者，民营企业的环保投资体量较小。国有企业和民营企业的环保投资总额与在建工程中的环保投资额均经历了先上升后下降的过程，前者在 2013 年达到峰值，后者在 2014 年达到峰值；国有企业用于环保的管理费用和获得的环保补助均在波动中上升，而民营企业这两项指标在研究期内持续上升。总体而言，样本企业的环保投资在研究期内有较大幅度增加。出现图 2-1 所示的这种情况，可能是由于我国从"十二五"规划后，开始加大对生态环境保护的重视程度，将环境保护提上议程，强调绿色可持续发展，提倡建设资源节约型、环境友好型社会，并密集地出台了一系列生态环境保护相关的制度政策，促使企业在这段期间内大幅增加了企业环保投资。由于我国以前基于"高能耗、高污染"的发展模式，企业环保投资基本属于空白，因此，在国家提出保护生态环境的号召后，企业有较大增长环保投资的空间。然而，当企业的环保投资积累到一定程度时，环保基础设施的购建可能已经基本完成，因此，在2013年之后，企业环保投资规模出现了一定幅度的下降。另一方面，企业用于管理的环保投资和从政府获得的环保补助在研究期内虽然有所增长，每年的增量相对较小，变化趋势也比较平稳。此外，国有企业各项指标均显著高于民营企业，可能是由于其受政府影响更大，当政府实施相对较强的环境保护政策时，为了积极响应政府，国有企业不得不投入更大规模的环保投资。

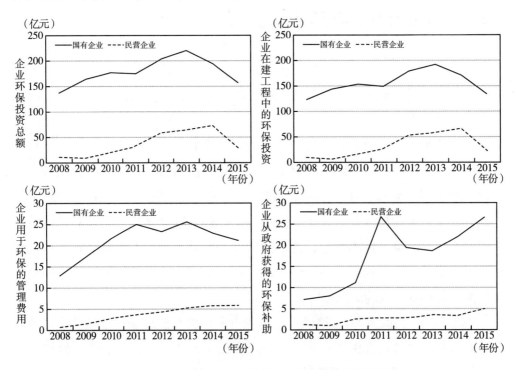

图 3 - 1 2008—2015 年企业环保投资变动趋势

资料来源：作者根据上市公司年报披露的相关数据整理计算。

由图3-2可知，在企业环保投资的具体用途方面，在建工程中用于烟气脱硫脱硝脱氮的投资和节能节电节水的投资最多，2008—2015年的累计投资额分别为568亿元和487亿元，分别占企业全部环保投资的33.43%和28.67%；在环保管理方面，用于排污管理的费用最多，累计投资额152亿元，占企业全部环保投资的比重大约为9%。这可能是由于我国已经成为PM2.5污染最严重的国家之一（穆泉和张世秋，2015），严重的空气污染时时刻刻影响着社会公众的生活和身心健康，甚至威胁到下一代的健康成长。因此，大气污染引起了社会各界的高度关注，并给政府施加了强大的民意压力，促使政府下定决心整治雾霾。近年来，我国政府针对大气治理出台了大量政策，如《环境空气质量标准》《重点区域大气污染防治"十二五"规划》《大气污染防治行动计划》、新修订的《大气污染防治法》等。政府的意志引领着企业的发展方向，因此，企业在进行环保投资时也更加倾向于进行大气污染治理投资。就民营企业与国有企业比较而言，国有企业在建工程和管理方面的各项环保投资额均显著高于民营企业，这与前文国有企业环保投资总额高于民营企业的总体情况是一致的。在大气、水和固体废弃物方面的污染治理，由于国有企业囊括了诸多重污染大型企业，其在这些领域的环保投资高于民营企业也是比较合理的。

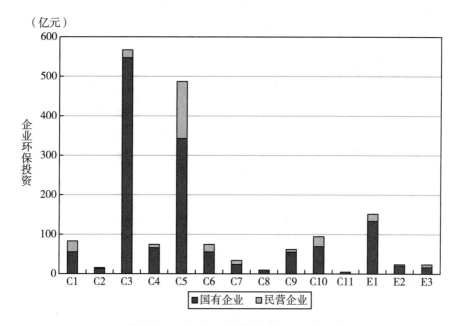

图3-2　企业环保投资的资金分布

注：C1-C11表示企业用于在建工程中的环保投资，其中，C1表示废水污水治理投资；C2表示废气尾气处理投资；C3表示烟气"三脱"工程投资；C4表示除尘除灰投资；C5表示节能节电节水投资；C6表示余热发电与利用投资；C7表示垃圾发电与治理投资；C8表示污泥干化焚烧投资；C9表示清洁生产投资；C10表示绿化环保投资；C11表示污染监测系统投资。E1-E3表示企业用于环保的管理费用，其中，E1表示排污费；E2表示绿化费；E3表示环保管理费。

资料来源：作者根据上市公司年报披露的相关数据整理计算。

3.3.2 企业环保投资的行业分布

表 3-2 给出了 2008—2015 年全国重污染行业上市公司环保投资的行业分布情况。可以看出，2008—2015 年，在 18 个重污染行业中，企业环保投资累计总额超过 100 亿元的行业有 8 个，分别是黑色金属冶炼及压延加工业（752.08 亿元）、电力、热力生产和供应业（743.86 亿元）、石油和天然气开采业（372.95 亿元）、煤炭开采和洗选业（297.08 亿元）、化学原料及化学制品制造业（256.81 亿元）、非金属矿物制品业（209.77 亿元）、有色金属冶炼及压延加工业（149.12 亿元）、化学纤维制造业（109.87 亿元）；企业环保投资累计总额超过 10 亿元而低于 100 亿元的行业有 9 个，分别是医药制造业（80.88 亿元）、石油加工、炼焦及核燃料加工业（59.68 亿元）、造纸及纸制品业（45.71 亿元）、有色金属矿采选业（43.11 亿元）、纺织业（29.76 亿元）、酒、饮料和精制茶制造业（24.74 亿元）、黑色金属矿采选业（18.37 亿元）、橡胶和塑料制品业（15.17 亿元）、金属制品业（10.16 亿元）；企业环保投资累计总额低于 10 亿元的行业只有 1 个，是皮革、毛皮、羽毛及其制品和制鞋业（2.82 亿元）。从企业环保投资在不同行业之间的分布来看，各行业上市公司的企业环保投资规模存在相当大的差异，环保投资总额在全部样本行业之间的标准差高达 233.90。同时，企业环保投资总额最高的几个行业也是污染程度最高的行业，环保投资与行业污染之间存在一定的正向关系。

表 3-2 2008—2015 年全国重污染行业企业环保投资的行业分布 单位：亿元

行业代码	2008年	2009年	2010年	2011年	2012年	2013年	2014年	2015年	年均	累计
B06	28.93	35.49	23.55	18.88	20.49	57.84	63.86	48.04	37.14	297.08
B07	22.84	31.96	38.80	42.28	48.10	60.51	69.18	59.27	46.62	372.95
B08	1.80	3.54	1.91	2.79	0.26	0.35	1.95	5.77	2.30	18.37
B09	2.66	1.47	11.15	3.66	6.97	4.15	6.35	6.71	5.39	43.11
C15	1.14	1.59	2.29	4.23	4.52	3.97	3.09	3.92	3.09	24.74
C17	3.68	2.33	1.38	4.76	2.99	2.60	7.98	4.03	3.72	29.76

续表

行业代码	2008 年	2009 年	2010 年	2011 年	2012 年	2013 年	2014 年	2015 年	年均	累计
C19	0.00	0.00	0.02	0.03	0.20	1.03	0.81	0.74	0.35	2.82
C22	3.27	3.15	7.42	8.22	4.51	5.99	8.12	5.03	5.71	45.71
C25	1.36	2.23	1.84	3.57	3.84	18.56	17.76	10.51	7.46	59.68
C26	13.14	20.65	24.39	44.07	51.85	32.34	32.09	38.28	32.10	256.81
C27	2.09	1.85	6.07	10.28	8.80	13.14	24.82	13.83	10.11	80.88
C28	0.96	2.51	2.05	10.50	40.35	26.79	21.70	5.02	13.73	109.87
C29	0.37	0.10	0.21	0.32	0.67	1.19	2.49	9.82	1.90	15.17
C30	21.94	17.81	24.47	33.80	31.94	26.45	32.46	20.88	26.22	209.77
C31	77.38	93.94	97.23	91.72	91.69	97.61	128.21	74.31	94.01	752.08
C32	21.41	11.44	27.10	23.53	18.04	10.51	18.62	18.46	18.64	149.12
C33	1.41	2.66	1.48	2.69	1.12	0.31	0.17	0.34	1.27	10.16
D44	58.90	55.26	61.07	64.71	94.29	170.40	128.86	110.37	92.98	743.86

资料来源：作者根据上市公司年报披露的相关数据整理计算。

根据投资总额和投资增长率将上市公司环保投资分成四个象限（如图 3-3 所示）。可以看出，大部分行业的企业环保投资位于第二象限（累计投资额低于 30 亿元但年均保持增长态势）。位于第一象限（累计投资额大于 30 亿元且年均保持增长态势）的行业有 4 个，分别是煤炭开采和洗选业、石油天然气开采业、化学原料及化学制品制造业、电力热力生产和供应业。位于第三象限（累计投资额低于 30 亿元且年均呈下降趋势）的行业有 3 个，分别是非金属矿物制品业、有色金属冶炼和压延加工业、金属制品业，位于第四象限（累计投资额大于 30 亿元但年均呈下降趋势）的行业只有 1 个，即黑色金属冶炼和压延加工业。由此，可以得出如下基本结论：在 2008—2015 年间，那些企业环保投资总额较高的行业也是污染程度较高的行业，并且环保投资在研究期内一直保持增长态势；大部分行业企业环保投资虽然累计总额较低，但始终处于增长趋势。

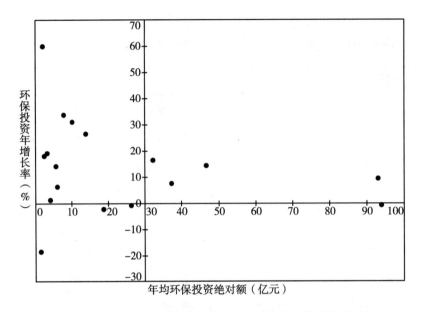

图 3-3 **重污染行业企业环保投资规模与增长的关系**

资料来源：作者根据上市公司年报披露的相关数据整理计算。

3.3.3 企业环保投资的地区分布

表3-3列示了2008—2015年全国31个省（自治区、直辖市）企业环保投资数据。从投资总额来看，北京和山东企业环保投资总额遥遥领先，均突破600亿元；河北、山西、辽宁、江苏、浙江、广东、广西企业环保投资处于第二集团，总额在100亿—300亿元；其他省份企业环保投资总额在100亿元以下，天津、海南、贵州、西藏、陕西甚至低于10亿元。企业环保投资在地区之间的巨大差异，一方面是因为各地区所拥有的重污染行业上市公司数量不同，另一方面也和各地区的环境污染状况相关。北京和山东均拥有大量的重污染行业上市公司且两个地区的环境质量也不容乐观，因此，巨大的企业环保投资总额并不令人意外；同样，海南、贵州和西藏因为重污染行业上市公司数量很少且当地属于环境质量相对较好的地区，因此这些地区的企业环保投资总额很少。但让人意外的是，天津、陕西给人们的直观感受是环境状况十分糟糕，但是企业环保投资总额却较低，这可能归咎于当地上市的重污染行业企业较少，大量未上市的企业造成了比较严重的环境污染，而这并未在本书的样本中得到体现。

表 3 - 3　**2008—2015 年全国重污染行业企业环保投资的地区分布**　单位：亿元

地区	2008 年	2009 年	2010 年	2011 年	2012 年	2013 年	2014 年	2015 年	年均	累计
北京	67.39	67.88	69.94	74.80	73.24	107.76	120.83	115.36	87.15	697.21
天津	0.51	0.18	0.46	0.37	0.48	0.66	0.59	1.75	0.63	5.01
河北	13.88	23.96	26.17	16.56	9.55	34.04	31.08	25.41	22.58	180.65
山西	16.54	26.39	31.38	25.91	34.13	25.37	25.88	17.92	25.44	203.51
内蒙古	7.04	1.49	0.95	5.82	5.05	8.38	15.92	11.69	7.04	56.35
辽宁	11.24	12.73	13.87	16.53	16.10	8.74	17.79	14.52	13.94	111.52
吉林	2.36	2.28	3.66	2.35	2.50	2.84	2.51	1.46	2.50	19.96
黑龙江	0.24	0.30	1.79	1.04	0.43	12.69	7.53	8.55	4.07	32.56
上海	1.42	1.51	2.59	5.74	4.77	7.63	17.08	17.43	7.27	58.18
江苏	5.74	4.69	13.12	13.29	16.24	24.92	29.06	11.21	14.78	118.26
浙江	2.70	3.43	4.96	17.94	44.72	31.81	20.46	13.67	17.46	139.71
安徽	7.27	9.23	6.62	17.10	9.48	13.00	14.59	17.41	11.84	94.71
福建	1.35	2.84	4.42	3.03	5.11	2.83	5.08	4.28	3.62	28.94
江西	1.57	3.18	2.01	2.27	7.29	6.20	5.96	5.81	4.29	34.29
山东	48.57	46.95	54.49	64.79	85.03	116.70	97.79	98.17	76.56	612.49
河南	6.17	5.34	4.46	6.35	4.34	7.94	5.60	6.32	5.82	46.52
湖北	6.28	4.79	8.47	6.24	6.01	11.66	27.41	9.89	10.09	80.76
湖南	1.06	26.59	22.88	17.71	6.45	7.59	9.50	5.86	12.21	97.64
广东	15.45	7.80	16.06	32.66	28.53	34.13	29.21	7.73	21.45	171.57
广西	32.34	14.99	14.19	7.62	8.45	19.03	20.85	4.82	15.29	122.30
海南	0.01	0.05	0.32	0.05	0.13	0.43	0.28	0.03	0.16	1.31
重庆	0.12	0.21	2.48	7.14	7.12	3.60	4.49	1.30	3.31	26.46
四川	4.12	6.64	5.26	7.97	3.94	8.75	10.24	12.01	7.37	58.94
贵州	0.11	0.69	0.32	0.57	0.51	0.22	0.80	1.79	0.63	5.01
云南	0.51	1.67	9.95	6.86	14.39	5.94	11.47	9.15	7.49	59.95
西藏	0.00	0.00	0.00	0.05	0.05	0.05	0.02	0.03	0.03	0.21
陕西	2.00	0.22	0.22	1.27	0.33	0.23	0.02	0.42	0.59	4.72
甘肃	1.20	1.18	1.52	2.82	8.25	2.90	2.01	1.02	2.61	20.90
青海	4.82	0.88	0.17	1.77	12.03	5.17	8.68	4.72	4.78	38.24
宁夏	1.02	1.71	0.46	1.22	1.14	1.76	2.35	1.48	1.39	11.14
新疆	0.27	8.14	9.20	2.18	14.82	20.74	23.45	4.09	10.36	82.90

资料来源：作者根据上市公司年报披露的相关数据整理计算。

3.4　本章小结

首先，本章从两个层面阐述了企业政治关联的制度背景，一是制度影响企业政治关联的一般途径，主要包括政府管制、寻租腐败、企业信息披露、市场开放和司法环境等方面；二是讨论了中国制度背景下企业建立政治关联的主要方式，同时对企业管理人员获得政治身份以帮助企业建立政治关联的特殊性进行了分析。

其次，本章对国内生态环境保护的制度环境、企业环保投资的制度动因进行了分析。随着生态环境问题的日益突出，政府针对企业的环境法律、法规和规范性政策文件陆续出台，同时，通过立法的方式强化政府的环保监督职能，构筑日益完备的企业环保投资制度和法律体系。在导致企业进行环保投资的制度动因方面，主要有内部制度动因和外部制度动因两方面。内部制度动因主要体现为企业环保行为决策可能存在的道德风险与企业治理结构，外部制度动因主要源于环境规制、社会文化压力和消费者选择偏好。

最后，本章从资金用途概况、行业分布和地区分布对中国重污染行业企业环保投资的现状进行了简要描述性统计分析。总体来看，中国重污染行业企业环保投资在2008—2015年间总体保持增长趋势，国有企业占据了企业环保投资的主要份额，民营企业环保投资体量相对较小。从企业环保投资的行业分布来看，企业环保投资总额最高的几个行业也是污染程度最高的行业，环保投资与行业污染之间存在一定的正向关系。就企业环保投资的地区分布而言，不同地区由于上市公司数量多少和环境质量的不同，企业环保投资也存在较大差异，东部地区的企业环保投资总体上高于中西部地区。

第 4 章　政治关联、政府环保补助与
　　　　　民营企业环保投资

从本章开始，本书将实证检验政治关联对企业环保投资的效应和影响机制。本章着重探究政治关联对企业环保投资的直接影响，并分析政府环保补助在其中发挥的作用。不同所有权的企业资源特征、合法性需求、政治关联意愿存在显著差别。在中国特有的制度背景下，国有企业因其产权性质和发展历史，具有天然的政治关联。因此，本章以及接下来两章的实证分析均将研究的样本界定为民营企业。

从前文中对政治关联影响企业环保投资的文献梳理总结中可知，当前学术界基于企业微观数据研究政治关联与企业环保投资之间关系的文献还比较少，仅有的部分文献在这一问题的解释上也没有达成共识。那么，企业的政治关联究竟与其环保投资之间存在怎样的关联？企业的政治关联会促使企业增加环保投资，还是会限制企业的环保投资规模？此外，政府为了公众利益最大化和自身环境政绩考核的需要，往往会通过环保补助的形式激励企业增加环保投资，那么，政府的环保补助对于政治关联企业而言，是否确实会使其增加环保投资呢？带着这些问题，本章将在企业微观统计数据的基础上，通过实证检验政治关联与民营企业环保投资之间的关系，并讨论政府环保补助在其中发挥的作用。

4.1　理论分析与研究假设

4.1.1　政治关联与民营企业环保投资

根据资源基础理论，企业的生存和发展需要从周围环境中吸取各种资源，

并且资源价值越高，对企业的长远发展就越有利，从而企业对这种资源的依赖性也就越强。对于中国的民营企业而言，由于与国有企业相比，在竞争中存在天然的劣势，因此，为了提高自身的生存能力和实力，民营企业有着强烈的动机寻求与政府建立政治关联，尽最大可能减少获取资源的障碍（许年行等，2013）。一旦民营企业与政府建立起政治关联，并且从中获得一定有利于自身发展的资源，那么，出于长期发展目标的考虑，民营企业也会努力维持甚至强化政治关联。在这种情况下，民营企业往往会更加积极地迎合政府需求，帮助政府实现既定的发展目标（杜兴强等，2010）。

随着环境问题的日益严峻和人民对美好生活环境的渴望日渐强烈，政府在发展经济的同时对生态环境问题的关注程度也越来越高。这一方面是政府自身职能和使命的要求，另一方面也是政绩考核的需要（余明桂等，2010）。为了加快环境质量改善，政府除了自身加大公益性的环境治理工程建设外，还希望作为经济发展主体的企业能够担负起更多污染治理和环境保护的责任。这种情况下，具有政治关联的民营企业就迎来了维持和巩固其与政府关系的"绝佳机会"，它们通常会对政府的要求做出积极响应，通过增加环保投资的方式帮助政府改善环境质量（潘红波等，2008；李颖思，2016）。基于此，本章提出如下研究假设：

假设1a：相比不具有政治关联的民营企业，具有政治关联的民营企业会增加其环保投资规模。

在现实中，企业的政治关联往往通过其内部高管与政府之间存在的某种关系而建立，也就是说，企业政治关联的存在依托于具体的高管人员，不同的管理人员与政府之间的关系并不相同，由此产生的政治关联对企业环保投资的影响也可能有所差别（杨竞萌、王立国，2009）。因此，对政治关联进行具体细化分类，探究不同类型政治关联对企业环保投资的影响是十分有必要的。在现代企业治理制度下，董事会和管理层是维持企业运转的最重要组织机构，前者是企业的最高决策和管理机构，负责制定企业重大决策，以及确定企业的发展目标，而后者负责企业的日常经营和行政事务，并执行董事会制定的各项决策（徐辉等，2012；张平淡等，2012）。鉴于董事会和管理层的重要作用，结合上市公司的高管信息披露状况，本章将民营企业的政治关联划分为董事长政治关联、CEO政治关联和独立董事政治关联，并在后续章节实证分析中沿用此分类。

　　董事长是企业的最高管理者，也是企业利益的最高代表，在董事会中拥有举足轻重的地位。虽然董事长一般不进行个人决策，但拥有召开董事会、罢免CEO 等最高权力，往往会影响企业最终决策的制订（雷社平和何音音，2010；杨竞萌和王立国，2009）。如果民营企业的董事长具有政治关联，那么他（她）出于企业利益考虑，对政府要求企业承担环保责任的要求一般会表达积极响应的态度，从而促使企业做出增加环保投资的决策。CEO 是企业管理层中的最高行政代表，也往往是董事会的成员之一。但是，不同于董事长代表企业利益，CEO 在大多时候扮演的是执行者的角色。如果董事会已经做出了响应政府号召增加环保投资的决策，CEO 不论是否具有政治关联都会执行这一决策；如果在董事会尚未做出是否增加环保投资决策时，具有政治关联的 CEO 为了使企业业绩更好、实力更强，一般也会支持政府环境保护的要求，并在董事会决策时施加自身的影响，促使企业增加环保投资（唐丽均，2010）。独立董事在上市公司中除担任董事外并不担任其他职务，并需要就公司事务做出独立的判断。独立董事往往与所受聘的上市公司及其主要股东间不存在可能妨碍其进行独立、客观判断的关系，由于其角色多为具有专业知识的人员，一般会为企业决策者提供参考意见（欧阳鹏，2009）。如果独立董事具有政治关联，为了其所在企业的长远发展考虑，独立董事一般会建议决策者响应政府的环保要求，从而促使企业增加环保投资。基于上述分析，本章提出如下研究假设：

　　假设 1b：董事长、CEO 和独立董事的政治关联会促使民营企业增加其环保投资规模。

　　中国的环境治理和保护工作往往是中央政府制定决策，地方政府具体执行。因此，不同层级的民营企业政治关联有可能将会对企业环保投资决策造成不同的影响。根据杜勇和陈建英（2016）对政治关联深度含义的分析，根据不同的关联人员与政府联系层级，企业政治关联可以划分为中央政治关联和地方政治关联。对于生态环境问题，中央政府的态度毋庸置疑，必然希望企业充分履行其环境责任并增加环保投资，投入更多的精力与财力参与环境治理和保护工作，因此，具有中央政治关联的民营企业一般会积极响应中央政府的号召，将更多的资金投入环境保护中（颉茂华等，2013；吴舜泽，2014）。地方政府作为环境治理和保护的执行单位，为了完成中央政府规定的目标和要求，也会要求企业承担更多环保责任，但是地方政府更迫切的目标是政绩提升，因此，对于企业环保投资的要求可能会停留在表面，具有地方政治关联的民营企业往往对此

"心领神会"，未必会真正促使企业增加环保投资。由此，本章提出如下研究假设：

假设1c：民营企业的中央政治关联会促使其增加环保投资，地方政治关联对此可能并无显著影响。

4.1.2 政治关联与政府环保补助

延续数千年以"人治"为核心的封建王朝时代，造成的一个后果就是人情在某些时候凌驾于法律和规制之上，政府政策的执行也会受到"关系"的干扰。很多研究显示，不仅企业能否获得政府补助会受到政治关联的影响，其获得补助的金额也同样会受到影响。相比而言，具有政治关联的民营企业往往能够从政府那里获得更多的资源（余明桂和潘红波，2008；罗党论和赖再洪，2015；王晓燕等，2017），而补贴一般是政府给予企业最常见的资源。在环境治理和保护方面，政府为了促使企业更多地分担环保责任，通常会采取环保补助的方式激发企业进行环保投资的积极性。虽然政府颁发环保补助的政策是统一的，但实际中这些环保补贴款也是需要企业积极争取的，对于具有政治关联的民营企业而言，他们可以更好地利用这层关系获得政府的环保补助。

政治关联可以起到联结企业与政府的信息管道作用，在一定程度上解决政府与企业之间存在的信息不对称问题。在政府发放环保补助的过程中，通过政治关联，民营企业可以及时、准确地获取政府补贴政策的相关信息，以迎合政府政策标准并及时做出相应反应，从而获得政府补助。与此同时，政府也可以通过政治关联获得相应企业的实际状况信息，增加信任度和合作度。Blau等（2013）的研究发现，具有政治关联的企业在申请政府补助时可以更快地得到政府的批复，从而验证了政治关联的信息管道作用。另外，中国正处于转型时期，政府财政支出方面缺乏有关机制的有效监督，无论是政府向哪些企业发放补助，还是政府发放补助的具体额度，都存在一定程度的任意性和模糊性，政府在补助发放方面拥有较大的自由裁量权为企业提供了一定的寻租空间。这种情况下，通过在政府任职经历中积攒的人脉关系和社会相关资源的积累，拥用有政府背景的企业高管能够在一定程度上提高企业获得政府环保补助的概率。因此，根据政治关联的信息机制和寻租机制，建立政治关联对民营企业获得更多的政府环保补助将会十分有利。在此基础上，本章提出如下研究假设：

假设 2a：相比不具有政治关联的民营企业，具有政治关联的民营企业能够获得更多的政府环保补助。

在中国财政分权体制的影响下，相比于中央政府而言，地方政府具有较强的财政支出自由裁量权，在进行财政转移支付或补贴时，中央政府往往配套较少部分的资金，绝大部分资金由地方政府负责筹集和支付（赵毅和许杨杨，2016）。正是如此，民营企业在争取政府环保补助的时候，更倾向于迎合地方政府的需求，以获得尽可能多的地方环保补助。另外，民营企业的中央政治关联一般体现为高层管理人员与中央政府的密切关系或者在中央政府部门任职，能够借此为企业争取更多环保补助资金的可能性也相对小于具有地方政治关联的情形（安志蓉，2017）。基于此，本章提出如下研究假设：

假设 2b：民营企业的地方政治关联相比中央政治关联能够为企业带来更多的政府环保补助。

4.1.3　政治关联、政府环保补助与民营企业环保投资

长期以来，"关系"在中国经济社会发展的过程中都扮演着重要角色，特别是在当前经济社会转型的特殊时期，制度上的弊端和空隙还很多，"关系"所发挥的作用也相对更强。而企业与政府之间形成的特殊"关系"就是民营企业政治关联的本质，从企业的角度来看，也是企业发展的资源和社会资本（杜勇和陈建英，2016）。作为一种社会关系，企业政治关联呈现出"差序分布"的基本格局，政府在配置相关资源时往往倾向于具有政治关联的企业或者政治关联更牢固的企业（田利辉和张伟，2013）。在环境治理和保护领域同样如此，政府为了刺激企业进行环境保护的积极性，通过颁发政府环保补助的方式予以激励，但环保补助又不是平均分配的，而需要选择特定的企业。这种情况下，相比那些不具有政治关联的民营企业，具有政治关联的民营企业就更容易获得政府的青睐，从而获得政府的环保补助资金。在获得政府环保补助资金之后，企业可供支配的资金增加，就可以扩大其环保投资规模。基于此，本章提出如下研究假设：

假设 3a：具有政治关联的民营企业，获取的政府环保补助能够进一步促使其增加环保投资。

由于中国的财政分权体制，中央政府和地方政府都会颁发一定的环保补助

以激励企业加大环保投资力度。相对而言，中央政府治理环境的决心更强，地方政府还需要考虑经济增长等政绩考核，在环境治理和保护方面的决心不会有那么强烈（韩超等，2017）。在这种情况下，如果民营企业具有中央政治关联，对中央意图和政策的领会更深刻，必然促使企业将更多的政府环保补助用于企业环保投资，而具有地方政治关联的企业则可能不会有同样深刻的认识，而且更擅长揣摩地方政府的心理和需求，在获得政府环保补助之后，为了帮助地方政府完成一些环境治理和保护方面的任务及目标，会适当增加一些企业环保投资，不过更多地是停留在表面上的环保政绩工程（朱雨辰和张凌方，2017）。基于此，本章提出如下研究假设：

假设3b：相比地方政治关联，民营企业的中央政治关联更能促使企业将获得的政府环保补助转化为环保投资。

4.2　研究设计

4.2.1　样本选择

本章以及第5章和第6章研究所需的企业样本来自我国2008—2015年沪深两市A股上市的重污染行业民营企业，行业范围据环保部办公厅2008年发布的《上市公司环保核查行业分类管理名录》划定，具体包括以下18个行业：电力、热力、燃气及水的生产和供应业，黑色金属冶炼及压延加工业，黑色金属矿采选业，有色金属冶炼及压延加工业，有色金属矿采选业，金属制品业，非金属矿物制品业，化学原料及化学制品制造业，化学纤维制造业，纺织业，皮革、毛皮、羽毛及其制品和制鞋业，酒、饮料和精制茶制造业，煤炭开采和洗选业，石油加工、炼焦及核燃料加工业，石油和天然气开采业，医药制造业，橡胶和塑料制品业，造纸及纸制品业。对于基本企业样本，剔除ST企业、国有企业和存在缺失值与异常值的企业，最终得到用于实证分析的样本企业观测值共计2827个。

4.2.2　变量定义

4.2.2.1　企业环保投资

根据前文对企业环保投资内涵的分析，本书采用广义的环保投资概念，即将企业用于环境保护方面支出的资金规模视为企业的环保投资。至于如何衡量企业环保投资规模，本章借鉴李虹等（2016）的研究思路，用企业总资产对企业环保投资进行标准化处理，从而得到用相对数表示的企业环保投资规模。

企业环保投资的基础数据取自各上市公司年度报告中的在建工程、管理费用等项目，通过阅读报表附注手工摘取与环境保护相关的支出。本章将企业在建工程中的环保支出称为"资本化的环保投资"（cap_envst），主要包含废水污水治理、废气治理、除尘抑尘、烟尘脱硫脱硝脱氮、固废治理、噪声治理、垃圾处理、节能节水节电、余热回收与利用、清洁生产、环保工程等方面的支出；将企业用于环保的管理费用的支出称为"费用化的环保投资"（exp_envst），主要包含排污费、绿化费、环境管理费用等。企业"资本化的环保投资"与"费用化的环保投资"之和为"企业环保投资总额"（$total\_envst$）。

4.2.2.2　企业政治关联

本书根据民营企业高管的政治背景定义企业政治关联。现有文献对企业高管政治背景和政治关联的量化主要有三种方法，即赋值法、虚拟变量法和比例法。借鉴王珍义等（2014）对企业政治关联的度量方法，本章运用虚拟变量法对企业政治关联进行衡量。首先，确定企业高管范围为董事长、CEO 和独立董事，然后根据企业高管是否有过在党委、人大、政府、政协等部门任职的经历为政治关联变量赋值。如果企业董事长、CEO 或独立董事有过在上述部门任职的经历，则认为企业高管具有政治关联（pr），赋值为 1，否则赋值为 0。只要企业高管有人具有政治关联，就认为该企业具有政治关联，据此，可以定义企业董事长政治关联（pr_chirm）、CEO 政治关联（pr_ceo）和独立董事政治关联（pr_inddr）。

根据企业高管任职部门的行政层级，将高管和企业的政治关联划分为中央政治关联（cpr）和地方政治关联（lpr）。具有中央政治关联指的是企业高管有过在党中央、国务院、全国人大、全国政协等部门任职或者任代表的经历；具有地方政治关联指的是企业高管有过在地方各级政府、各部委、民主党派等部门任职的经历。对于高管同时在多个不同层级部门任职的情况，取其任职行政层级较高的部门定义政治关联。据此，可以分别定义企业董事长、CEO、独立董事的中央政治关联（cpr_chirm、cpr_ceo、cpr_inddr）和地方政治关联（lpr_chirm、lpr_ceo、lpr_inddr）。

4.2.2.3 政府环保补助

政府环保补助是指企业从政府那里获得的环保补贴，基础数据来源于企业年报中的"营业外收入"。政府环保补助包括两类：一类是奖金形式的环保补助，比如政府颁发给企业的节能减排奖、企业获得的环保相关荣誉等附带的奖金，数额一般较小；另一类是非奖金形式的环保补助，比如为支持企业研发某项节能环保技术或设备，政府给予企业的贴息或资金支持等。本章在实证分析时采取企业获得的政府奖金与非奖金环保补助之和定义政府环保补助变量（$ensub$），并使用企业总资产进行标准化处理，得到相对数衡量的政府环保补助。

4.2.2.4 相关控制变量

参考唐国平和李龙会（2013）、毕茜和于连超（2016）、杜勇和陈建英（2016）等的研究，本章在实证检验民营企业政治关联、政府环保补助和企业环保投资之间的关系时，同时控制如下变量：企业规模（$size$），用企业营业总收入的对数衡量；企业盈利能力（pro），用企业总资产净利润率衡量；企业成长性（$grow$），用企业总资产增长率衡量；企业股权集中度（$top1\_sther$），用第一大股东持股比例进行衡量；企业股权制衡度（spr），用第二大股东至第十大股东持股比例之和来进行衡量；企业高管持股数量（$execu\_hold$），采取其对数形式进行衡量；年度效应（$year\_sn$）和行业效应（cic_sn），分别用年份和企业所属行业虚拟变量表示。具体变量定义说明如表4-1所示。

表4-1		变量定义说明
变量类别	变量符号	变量说明
企业环保投资变量	$total\_envst\_std$	企业环保投资总额，采用总资产进行标准化
	cap_envst_std	企业资本化的环保投资，采用总资产进行标准化
	exp_envst_std	企业费用化的环保投资，采用总资产进行标准化

续表

变量类别	变量符号	变量说明
企业政治关联变量	*pr*	政治关联，等于 1 表示有政治关联，等于 0 表示无政治关联
	pr_chirm	董事长政治关联，等于 1 表示有政治关联，等于 0 表示无政治关联
	pr_ceo	CEO 政治关联，等于 1 表示有政治关联，等于 0 表示无政治关联
	pr_inddr	独立董事政治关联，等于 1 表示有政治关联，等于 0 表示无政治关联
	cpr	中央政治关联，等于 1 表示有中央政治关联，等于 0 表示无中央政治关联
	cpr_chirm	董事长中央政治关联，等于 1 表示有中央政治关联，等于 0 表示中央无政治关联
	cpr_ceo	CEO 中央政治关联，等于 1 表示有中央政治关联，等于 0 表示无中央政治关联
	cpr_inddr	独立董事中央政治关联，等于 1 表示有中央政治关联，等于 0 表示无中央政治关联
	lpr	地方政治关联，等于 1 表示有地方政治关联，等于 0 表示无地方政治关联
	lpr_chirm	董事长地方政治关联，等于 1 表示有地方政治关联，等于 0 表示无地方政治关联
	lpr_ceo	CEO 地方政治关联，等于 1 表示有地方政治关联，等于 0 表示无地方政治关联
	lpr_inddr	独立董事地方政治关联，等于 1 表示有地方政治关联，等于 0 表示无地方政治关联
政府环保补助变量	*ensub_std*	企业获取的政府环保补助总额，采用总资产进行标准化
控制变量	*size*	企业规模，即对企业营业总收入取自然对数
	pro	企业盈利能力，即企业总资产净利润率
	grow	企业成长性，即企业总资产增长率
	top1_sther	企业股权集中度，即第一大股东持股比例
	spr	企业股权制衡度，即第二大股东至第十大股东持股比例之和
	execu_hold	企业高管持股数量的对数
	year_sn	年度效应
	cic_sn	行业效应

4.2.3 模型构建

为检验假设 1，本章构建如下基础模型：

$$envst\_std = \alpha + \beta political + \gamma controls + \varepsilon \tag{4-1}$$

其中，$envst\_std$ 是经过标准化处理的被解释变量——民营企业环保投资，包括企业环保投资总额、资本化环保投资和费用化环保投资。$political$ 是本书的核心解释变量——企业政治关联，包括企业董事长政治关联、CEO 政治关联和独立董事政治关联，并且可以按照行政层级区分为中央政治关联和地方政治关联。$controls$ 是控制变量，包括企业规模（$size$）、企业盈利能力（pro）、企业成长性（$grow$）、企业股权集中度（$top1\_sther$）、企业股权制衡度（spr）、企业高管持股数量（$execu\_hold$）、年度效应（$year\_sn$）和行业效应（cic_sn）。在依次检验假设 1a 至假设 1c 的过程中，本章分别估计以下方程：

$$total\_envst\_std/cap\_envst\_std/exp\_envst\_std$$
$$= \beta_0 + \beta_1(pr/pr\_chirm/pr\_ceo/pr\_inddr) + \beta_2 size + \beta_3 pro + \beta_4 grow$$
$$+ \beta_5 top1\_sther + \beta_6 spr + \beta_7 execu\_hold + \beta_8 year\_sn + \beta_9 cic\_sn + \varepsilon \tag{4-2}$$

$$total\_envst\_std/cap\_envst\_std/exp\_envst\_std$$
$$= \beta_0 + \beta_1(cpr/cpr\_chirm/cpr\_ceo/cpr\_inddr) + \beta_2 size + \beta_3 pro + \beta_4 grow$$
$$+ \beta_5 top1\_sther + \beta_6 spr + \beta_7 execu\_hold + \beta_8 year\_sn + \beta_9 cic\_sn + \varepsilon \tag{4-3}$$

$$total\_envst\_std/cap\_envst\_std/exp\_envst\_std$$
$$= \beta_0 + \beta_1(lpr/lpr\_chirm/lpr\_ceo/lpr\_inddr) + \beta_2 size + \beta_3 pro + \beta_4 grow$$
$$+ \beta_5 top1\_sther + \beta_6 spr + \beta_7 execu\_hold + \beta_8 year\_sn + \beta_9 cic\_sn + \varepsilon \tag{4-4}$$

为检验假设 2，本章构建如下基础模型：

$$ensub\_std = \alpha + \beta political + \gamma controls + \varepsilon \tag{4-5}$$

其中，$ensub\_std$ 是经过标准化处理的被解释变量——企业获取的政府环保补助总额。其他变量含义与前文所述一致，不再赘述。同样为了验证假设 2a 和假设 2b，本章分别估计以下方程：

$$ensub\_std = \beta_0 + \beta_1(pr/pr\_chirm/pr\_ceo/pr\_inddr) + \beta_2 size$$
$$+ \beta_3 pro + \beta_4 grow + \beta_5 top1\_sther + \beta_6 spr + \beta_7 execu\_hold$$
$$+ \beta_8 year\_sn + \beta_9 cic\_sn + \varepsilon \tag{4-6}$$

$$ensub\_std = \beta_0 + \beta_1(cpr/cpr\_chirm/cpr\_ceo/cpr\_inddr) + \beta_2 size$$

$$+\beta_3 pro + \beta_4 grow + \beta_5 top1\_sther + \beta_6 spr + \beta_7 execu\_hold$$

$$+\beta_8 year\_sn + \beta_9 cic\_sn + \varepsilon \qquad (4-7)$$

$$ensub\_std = \beta_0 + \beta_1 (lpr/lpr\_chirm/lpr\_ceo/lpr\_inddr) + \beta_2 size$$

$$+\beta_3 pro + \beta_4 grow + \beta_5 top1\_sther + \beta_6 spr + \beta_7 execu\_hold$$

$$+\beta_8 year\_sn + \beta_9 cic\_sn + \varepsilon \qquad (4-8)$$

为了检验假设 3，本章区分企业政治关联的不同情形，对如下方程进行实证检验：

$$total\_envst\_std/cap\_envst\_std/exp\_envst\_std$$

$$= \beta_0 + \beta_1 ensub\_std + \beta_2 size + \beta_3 pro + \beta_4 grow + \beta_5 top1\_sther$$

$$+\beta_6 spr + \beta_7 execu\_hold + \beta_8 year\_sn + \beta_9 cic\_sn + \varepsilon \qquad (4-9)$$

式中所有变量含义与前文所述一致。

在估计方法方面，由于经过总资产标准化处理后的企业环保投资和政府环保补助存在大量零值且最大值不超过 1，属于限值因变量，传统的 OLS 回归结果将出现偏误，因此，本章选择更适合限值因变量的 Tobit 模型进行参数估计。数据的统计和检验主要采用 Stata14 软件。

4.3 实证结果与分析

4.3.1 描述性统计分析

表 4-2 给出了本章实证分析对象民营企业环保投资和获取政府补贴数据的描述性统计结果。在全部样本企业中，有 84.4% 的民营企业具有政治关联，15.6% 的民营企业不具有政治关联。具体来说，具有董事长政治关联的民营企业占总样本 44.9%，具有 CEO 政治关联的民营企业占总样本 26.7%，具有独立董事政治关联的民营企业占总样本的 73.1%，说明我国重污染行业民营企业的政治关联现象还是比较普遍的，特别是独立董事政治关联，这从侧面反映出，民营企业从外部引入独立董事，往往是企业借以拉上各种关系的重要渠道之一。总体来看，全部样本企业标准化处理后的环保投资总额、资本化环保投资、费

用化环保投资和政府环保补助的变异系数基本在 4.0 以上，反映出样本企业在环保投资和获取政府环保补助方面存在很大的差异。按照政治关联对样本企业分组后可以发现，具有政治关联的民营企业，其标准化处理后的环保投资总额、资本化环保投资、费用化环保投资和获取的政府环保补助均值均高于不具有政治关联的民营企业，直观上显示具有政治关联的民营企业环保投资更多。

表 4 – 2   主要变量描述性统计

政治关联分组	统计量	环保投资总额	资本化的环保投资	费用化的环保投资	政府环保补助
全部样本企业（2827）	最小值	0	0	0	0
	最大值	0.1469328	0.1469328	0.0206103	0.0244344
	均值	0.0014284	0.0011588	0.0002696	0.0002284
	标准差	0.0059394	0.0057940	0.0011145	0.0010240
	变异系数	4.158071	5.000130	4.133452	4.483440
非政治关联企业（441）	最小值	0	0	0	0
	最大值	0.0907158	0.0907158	0.0128683	0.0133960
	均值	0.0013398	0.0011042	0.0002356	0.0001989
	标准差	0.0062219	0.0059856	0.0009953	0.0009299
	变异系数	4.643840	5.420665	4.224495	4.675725
政治关联企业（2386）	最小值	0	0	0	0
	最大值	0.1469328	0.1469328	0.0206103	0.0244344
	均值	0.0014448	0.0011688	0.0002759	0.0002339
	标准差	0.0058869	0.0057591	0.0011353	0.0010406
	变异系数	4.074620	4.927159	4.114406	4.449611
董事长政治关联企业（1270）	最小值	0	0	0	0
	最大值	0.1469328	0.1469328	0.0206103	0.0244344
	均值	0.0015179	0.0011474	0.0003705	0.0002331
	标准差	0.0062757	0.0061057	0.001437	0.0010741
	变异系数	4.1344621	5.3213352	3.8785425	4.6078936

续表

政治关联分组	统计量	环保投资总额	资本化的环保投资	费用化的环保投资	政府环保补助
CEO 政治关联企业（754）	最小值	0	0	0	0
	最大值	0.0775269	0.0767908	0.0142284	0.009171
	均值	0.001144	0.0007822	0.0003618	0.0001711
	标准差	0.0043655	0.0041068	0.0013385	0.0006857
	变异系数	3.8159965	5.2503196	3.6995578	4.0075979
独立董事政治关联企业（2067）	最小值	0	0	0	0
	最大值	0.1469328	0.1469328	0.0206103	0.0244344
	均值	0.0014494	0.0011959	0.0002534	0.0002401
	标准差	0.0059408	0.005816	0.0010986	0.0010756
	变异系数	4.0987995	4.8632829	4.335438	4.4798001

注：表中企业环保投资和政府环保补助数据均经过企业总资产标准化处理。

4.3.2　政治关联与民营企业环保投资

表 4 - 3 报告了民营企业政治关联对企业环保投资影响的回归结果，其中，列（1）至列（4）的被解释变量为民营企业经过标准化处理的环保投资总额，列（5）至列（8）的被解释变量为民营企业经过标准化处理的资本化环保投资，列（9）至列（12）的被解释变量为民营企业经过标准化处理后的费用化环保投资。整体来看，具有政治关联的民营企业的政治关联可以使企业环保投资总额和费用化的环保投资分别增加 0.0018 个和 0.0026 个标准化单位，虽然政治关联并未对民营企业资本化的环保投资产生非常显著的影响，这也基本证实了假设 1a，即：政治关联可以促使民营企业增加环保投资，相比不具有政治关联的民营企业，具有政治关联的民营企业环保投资规模更高。

就民营企业不同高管层级的政治关联而言，董事长和 CEO 的政治关联对民营企业环保投资总额和费用化的环保投资均具有显著的正向影响，CEO 政治关联对民营企业资本化的环保投资也具有显著的正向影响，而独立董事仅对民营企业资本化的环保投资具有显著的促进作用。这表明，民营企业不同高管的政

表 4 - 3　政治关联与民营企业环保投资

total_emst_s	total_emst_std				cap_emst_std				exp_emst_std			
	(1)	(2)	(3)	(4)	(5)	(6)	(7)	(8)	(9)	(10)	(11)	(12)
pr	0.0018** (2.2328)				0.0002 (1.0024)				0.0026*** (2.8793)			
pr_chirm		0.0009* (1.6633)				-0.0001 (-0.0834)				0.0006*** (3.7318)		
pr_ceo			0.0006** (1.9702)				0.0003* (1.9023)				0.0020* (1.9238)	
pr_inddr				0.0005 (0.8775)				0.0021** (2.0032)				-0.0002 (-1.1593)
size	0.0023*** (8.7663)	0.0022*** (8.6951)	0.0023*** (8.7297)	0.0023*** (8.7577)	0.0037*** (8.5585)	0.0037*** (8.5390)	0.0036*** (8.4923)	0.0037*** (8.5365)	0.0003*** (4.5014)	0.0003*** (4.3211)	0.0003*** (4.5706)	0.0003*** (4.5145)
pro	-0.0229*** (-5.2194)	-0.0229*** (-5.2377)	-0.0228*** (-5.2070)	-0.0227*** (-5.1823)	-0.0396*** (-5.4232)	-0.0391*** (-5.3579)	-0.0392*** (-5.3919)	-0.0391*** (-5.3550)	-0.0039*** (-3.0934)	-0.0040*** (-3.1908)	-0.0039*** (-3.0580)	-0.0039*** (-3.1047)
grow	0.0006 (1.0987)	0.0006 (1.0741)	0.0006 (1.1218)	0.0006 (1.1058)	0.0014 (1.5253)	0.0014 (1.5086)	0.0014 (1.5741)	0.0014 (1.5692)	-0.0001 (-0.7743)	-0.0001 (-0.7923)	-0.0001 (-0.8390)	-0.0001 (-0.7860)
top1_sther	0.0000* (1.8336)	0.0000* (1.8558)	0.0000* (1.8924)	0.0000* (1.8592)	0.0001** (2.4638)	0.0001** (2.4767)	0.0001** (2.4987)	0.0001** (2.4359)	-0.0000 (-0.9720)	-0.0000 (-0.9797)	-0.0000 (-0.9977)	-0.0000 (-0.9586)

续表

total_envst_s	total_envst_std				cap_envst_std				exp_envst_std			
	(1)	(2)	(3)	(4)	(5)	(6)	(7)	(8)	(9)	(10)	(11)	(12)
spr	-0.0000	-0.0000	-0.0000	-0.0000	0.0000	0.0000	0.0000	0.0000	-0.0000***	-0.0000***	-0.0000***	-0.0000***
	(-1.5736)	(-1.5072)	(-1.5117)	(-1.5546)	(0.3890)	(0.3922)	(0.4623)	(0.3518)	(-3.0982)	(-3.0142)	(-3.1288)	(-3.0824)
execu_hold	-0.0000	-0.0000	-0.0000	-0.0000	-0.0001	-0.0001	-0.0001	-0.0001	0.0000**	0.0000*	0.0000*	0.0000**
	(-0.5417)	(-0.6187)	(-0.4082)	(-0.5218)	(-1.2577)	(-1.1917)	(-1.0933)	(-1.3230)	(1.9831)	(1.6800)	(1.9003)	(2.0878)
year_sn	-0.0002*	-0.0003*	-0.0003**	-0.0003**	-0.0004**	-0.0005**	-0.0005**	-0.0004**	-0.0000	-0.0000	-0.0000	-0.0000
	(-1.8177)	(-1.9025)	(-2.0957)	(-1.9697)	(-2.0093)	(-2.2051)	(-2.3163)	(-2.0295)	(-0.3853)	(-0.1658)	(-0.3756)	(-0.5697)
cic_sn	-0.0003***	-0.0003***	-0.0003***	-0.0003***	-0.0005***	-0.0005***	-0.0005***	-0.0005***	-0.0001***	-0.0001***	-0.0001***	-0.0001***
	(-3.7080)	(-3.7445)	(-3.8308)	(-3.7548)	(-3.5329)	(-3.5717)	(-3.7276)	(-3.5421)	(-3.2711)	(-3.2821)	(-3.1306)	(-3.2911)
_cons	-0.0503***	-0.0487***	-0.0482**	-0.0490	-0.0889***	-0.0862***	-0.0849***	-0.0878***	-0.0081***	-0.0079***	-0.0081***	-0.0078***
	(-9.2140)	(-9.0301)	(-8.9203)	(-9.0520)	(-9.6357)	(-9.4809)	(-9.3473)	(-9.6058)	(-5.1854)	(-5.1271)	(-5.2480)	(-5.0128)
sigma_cons	0.0116***	0.0116***	0.0116***	0.0116***	0.0164***	0.0164***	0.0164***	0.0164***	0.0030***	0.0030***	0.0030***	0.0030***
	(40.5059)	(40.5144)	(40.5118)	(40.5116)	(29.2040)	(29.2100)	(29.2206)	(29.2086)	(31.1903)	(31.2211)	(31.1958)	(31.1916)
N	2827	2827	2827	2827	2827	2827	2827	2827	2827	2827	2827	2827
p	0.0000	0.0000	0.0000	0.0000	0.0000	0.0000	0.0000	0.0000	0.0000	0.0000	0.0000	0.0000

注：括号内为 t 检验值，***、**、* 分别表示回归系数在 1%、5% 和 10% 的统计水平上显著。

治关联均可以促使企业增加环保投资，基本证实了假设 1b，只是董事长和 CEO 作为掌握企业实权的高层管理者相比独立董事对企业环保投资决策的影响更加直接显著。

就政治关联对民营企业资本化环保投资和费用化环保投资的影响比较而言，民营企业整体及其董事长和 CEO 的政治关联对企业费用化环保投资的正向影响要高于对资本化环保投资的正向影响，这说明具有政治关联的民营企业虽然确实会增加环保投资，但主要增加的是用于环保管理的费用，如交纳更多的排污费、进行厂区绿化等，并没有从引进治污设备、节能环保设备等方面增加环保投资，由此也可以反映出，政治关联使民营企业增加环保投资的行为可能只是一种表面功夫。

表 4 - 4 和表 4 - 5 分别报告了民营企业的中央政治关联（cpr）和地方政治关联（lpr）对企业环保投资影响的回归结果。本章在对中央政治关联企业进行回归检验时剔除了同时具有中央和地方政治关联的企业样本；同样地，在检验地方政治关联企业时也剔除了同时具有中央和地方政治关联的企业样本。从结果来看，中央政治关联可以显著促进民营企业增加环保投资，包括资本化的环保投资和费用化的环保投资，而地方政治关联对民营企业环保投资总额、资本化的环保投资和费用化的环保投资影响均不显著，这证实了本章的假设 1c。

从民营企业不同高管的政治背景来看，董事长、CEO 和独立董事的中央政治关联均能够显著促使企业增加环保投资总额和资本化的环保投资，而对企业费用化的环保投资没有显著影响。这表明民营企业高管具有中央政治关联，对中央层面要求环保的决心和意图领会相对更加深刻，更能够有效地响应中央的环保决策，促使企业真正增加环保投资而不只是应付了事。另外，民营企业董事长、CEO 和独立董事的地方政治关联只能带来企业费用化环保投资的显著增加，对企业资本化环保投资和环保投资总额并没有产生显著影响，这表明具有地方政治关联的民营企业更容易在增加环保投资方面做表面工程，不会真心实意地增加环保投资。出现这种现象的主要原因在于，地方政府出于经济增长等政绩考核的需要，在执行中央的环保决策时可能不会全力投入，对企业施加的压力也相对不足，具有地方政治关联的民营企业自然对此心领神会，只需要迎合地方政府的需要，增加一些用于环保的管理费用即可应付中央层面的环保要求。

表 4 - 4　中央政治关联与民营企业环保投资

	total_envst_std				cap_envst_std				exp_envst_std			
	(1)	(2)	(3)	(4)	(5)	(6)	(7)	(8)	(9)	(10)	(11)	(12)
cpr	0.0033*** (3.2501)				0.0045*** (2.6209)				0.0004** (2.0241)			
cpr_chirm		0.0017* (1.8735)				0.0014* (1.7917)				0.0003 (1.4682)		
cpr_ceo			0.0002** (2.1748)				0.0006*** (2.7897)				-0.0019 (-1.0199)	
cpr_inddr				0.0014** (2.5353)				0.0027* (1.7438)				0.0001 (0.3548)
size	0.0030*** (6.6857)	0.0029*** (6.6524)	0.0030*** (6.7580)	0.0029*** (6.6390)	0.0049*** (6.4799)	0.0049*** (6.4744)	0.0049*** (6.4655)	0.0048*** (6.3846)	0.0003*** (3.8120)	0.0003*** (3.7715)	0.0004*** (3.9606)	0.0004*** (3.8419)
pro	-0.0323*** (-4.3939)	-0.0319*** (-4.3490)	-0.0314*** (-4.2900)	-0.0317*** (-4.3136)	-0.0701*** (-5.2273)	-0.0686*** (-5.1405)	-0.0675*** (-5.0788)	-0.0684*** (-5.1225)	-0.0030** (-2.0410)	-0.0030** (-2.0374)	-0.0030** (-2.0530)	-0.0030** (-1.9969)
grow	0.0015* (1.6719)	0.0015 (1.6326)	0.0015* (1.6483)	0.0015* (1.6634)	0.0027* (1.7711)	0.0026* (1.7037)	0.0027* (1.7207)	0.0028* (1.7838)	0.0000 (0.2032)	0.0000 (0.1977)	0.0000 (0.1724)	0.0000 (0.2117)
top1_sther	0.0001** (2.4033)	0.0001** (2.4613)	0.0001** (2.4578)	0.0001** (2.4741)	0.0002** (2.9522)	0.0002** (2.9733)	0.0002** (2.9197)	0.0002** (2.9501)	-0.0000 (-1.0923)	-0.0000 (-1.0861)	-0.0000 (-1.0563)	-0.0000 (-1.0490)

续表

| | total_emvst_std | | | | cap_emvst_std | | | | exp_emvst_std | | | |
	(1)	(2)	(3)	(4)	(5)	(6)	(7)	(8)	(9)	(10)	(11)	(12)
spr	-0.0001 (-1.2907)	-0.0001 (-1.2259)	-0.0001 (-1.2663)	-0.0001 (-1.2325)	0.0000 (0.1552)	0.0000 (0.1759)	0.0000 (0.1428)	0.0000 (0.1467)	-0.0000*** (-3.3691)	-0.0000*** (-3.0358)	-0.0000*** (-3.0653)	-0.0000*** (-3.0328)
execu_hold	-0.0000 (-0.5679)	-0.0000 (-0.4929)	-0.0000 (-0.3847)	-0.0000 (-0.4836)	-0.0002* (-1.7532)	-0.0002* (-1.6769)	-0.0002 (-1.5521)	-0.0002* (-1.7637)	0.0000*** (2.6741)	0.0000*** (2.7050)	0.0000** (2.5206)	0.0000*** (2.7807)
year_sn	-0.0001 (-0.2547)	-0.0001 (-0.6547)	-0.0002 (-0.8453)	-0.0001 (-0.5997)	-0.0002 (-0.4265)	-0.0003 (-0.8227)	-0.0004 (-0.9664)	-0.0002 (-0.5822)	-0.0000 (-0.6291)	-0.0000 (-0.8488)	-0.0000 (-0.8264)	-0.0000 (-0.9430)
cic_sn	-0.0005*** (-3.5219)	-0.0005*** (-3.7005)	-0.0005*** (-3.6955)	-0.0005*** (-3.6370)	-0.0006** (-2.5457)	-0.0006*** (-2.6727)	-0.0006*** (-2.7011)	-0.0006** (-2.5669)	-0.0001*** (-4.2603)	-0.0001*** (-4.3777)	-0.0001*** (-4.2916)	-0.0001*** (-4.3630)
_cons	-0.0661*** (-7.0957)	-0.0637*** (-6.8706)	-0.0639*** (-6.8721)	-0.0638*** (-6.8862)	-0.1193*** (-7.4040)	-0.1156*** (-7.2422)	-0.1141*** (-7.1463)	-0.1155*** (-7.2445)	-0.0073*** (-3.8301)	-0.0070*** (-3.6758)	-0.0074*** (-3.8711)	-0.0071*** (-3.7137)
sigma_cons	0.0133*** (28.9470)	0.0133*** (28.9487)	0.0133*** (28.9348)	0.0133*** (28.9460)	0.0190*** (20.6679)	0.0190*** (20.6669)	0.0190*** (20.6681)	0.0190*** (20.6660)	0.0026*** (22.7763)	0.0026*** (22.7757)	0.0025*** (22.7959)	0.0026*** (22.7606)
N	1355	1355	1355	1355	1355	1355	1355	1355	1355	1355	1355	1355
p	0.0000	0.0000	0.0000	0.0000	0.0000	0.0000	0.0000	0.0000	0.0000	0.0000	0.0000	0.0000

注：括号内为 t 检验值，***、**、* 分别表示回归系数在 1%、5% 和 10% 的统计水平上显著。

表 4 – 5　　地方政治关联与民营企业环保投资

	total_envst_std				cap_envst_std				exp_envst_std			
	(1)	(2)	(3)	(4)	(5)	(6)	(7)	(8)	(9)	(10)	(11)	(12)
lpr	0.0008 (0.8743)				0.0018 (1.2330)				-0.0003 (-1.1851)			
lpr_chirm		0.0002 (0.1229)				-0.0082** (-2.4276)				0.0012*** (3.4443)		
lpr_ceo			0.0006 (0.3562)				-0.0054 (-1.5300)				0.0010** (2.4886)	
lpr_inddr				0.0013 (1.4534)				-0.0002 (-0.8279)				0.0027* (1.8278)
$size$	0.0021*** (5.4894)	0.0021*** (5.4689)	0.0021*** (5.4768)	0.0021*** (5.4979)	0.0039*** (5.8090)	0.0039*** (5.7949)	0.0038*** (5.7342)	0.0039*** (5.8209)	0.0003*** (3.6467)	0.0003*** (3.6598)	0.0004*** (3.8722)	0.0003*** (3.6616)
pro	-0.0142** (-2.1890)	-0.0142** (-2.1909)	-0.0142** (-2.1932)	-0.0140** (-2.1578)	-0.0296*** (-2.7591)	-0.0292*** (-2.7184)	-0.0293*** (-2.7165)	-0.0292*** (-2.7174)	-0.0029* (-1.8096)	-0.0028* (-1.7745)	-0.0028* (-1.7567)	-0.0029* (-1.8151)
$grow$	-0.0011 (-1.0875)	-0.0011 (-1.0925)	-0.0012 (-1.1069)	-0.0011 (-1.0558)	-0.0010 (-0.5555)	-0.0010 (-0.5592)	-0.0009 (-0.4958)	-0.0009 (-0.5112)	-0.0003 (-1.1174)	-0.0003 (-1.1709)	-0.0004 (-1.2633)	-0.0003 (-1.1383)
$top1\_sther$	-0.0001 (-1.6214)	-0.0001 (-1.6113)	-0.0001 (-1.6189)	-0.0001 (-1.6383)	-0.0000 (-0.6914)	-0.0000 (-0.8497)	-0.0000 (-0.7832)	-0.0000 (-0.7092)	-0.0000** (-2.1687)	-0.0000* (-1.8330)	-0.0000** (-2.1227)	-0.0000** (-2.1594)

续表

| | total_emst_std | | | | cap_emst_std | | | | exp_emst_std | | | |
	(1)	(2)	(3)	(4)	(5)	(6)	(7)	(8)	(9)	(10)	(11)	(12)
spr	-0.0000 (-1.3043)	-0.0000 (-1.2856)	-0.0000 (-1.2875)	-0.0001 (-1.3357)	0.0000 (0.6135)	0.0000 (0.5199)	0.0000 (0.5704)	0.0000 (0.5668)	-0.0000*** (-3.0048)	-0.0000*** (-2.7050)	-0.0000*** (-2.9470)	-0.0000*** (-2.9928)
execu_hold	-0.0000 (-0.1732)	-0.0000 (-0.1858)	-0.0000 (-0.1589)	-0.0000 (-0.1821)	0.0000 (0.3227)	0.0000 (0.2509)	0.0000 (0.2292)	0.0000 (0.3042)	0.0000 (0.0564)	0.0000 (0.1245)	0.0000 (0.2977)	0.0000 (0.0739)
year_sn	-0.0003* (-1.7081)	-0.0003* (-1.7515)	-0.0004* (-1.7645)	-0.0003* (-1.6772)	-0.0006* (-1.7032)	-0.0005 (-1.5732)	-0.0006* (-1.6874)	-0.0006* (-1.6720)	-0.0000 (-0.3385)	-0.0000 (-0.5479)	-0.0000 (-0.4315)	-0.0000 (-0.3256)
cic_sn	0.0000 (0.2628)	0.0000 (0.2567)	0.0000 (0.2773)	0.0000 (0.2711)	-0.0000 (-0.0208)	-0.0000 (-0.2128)	-0.0000 (-0.1997)	-0.0000 (-0.0247)	-0.0000 (-0.6844)	-0.0000 (-0.2621)	-0.0000 (-0.4207)	-0.0000 (-0.6704)
_cons	-0.0471*** (-5.8455)	-0.0464*** (-5.7906)	-0.0466*** (-5.7921)	-0.0475*** (-5.8961)	-0.0953*** (-6.6341)	-0.0924*** (-6.5157)	-0.0918*** (-6.4714)	-0.0960*** (-6.6804)	-0.0076*** (-3.9431)	-0.0080*** (-4.2229)	-0.0084*** (-4.3411)	-0.0077*** (-3.9979)
sigma_cons	0.0115*** (24.7540)	0.0115*** (24.7633)	0.0115*** (24.7608)	0.0115*** (24.7583)	0.0165*** (17.7490)	0.0164*** (17.7697)	0.0164*** (17.7658)	0.0165*** (17.7529)	0.0025*** (19.4668)	0.0025*** (19.5030)	0.0025*** (19.4820)	0.0025*** (19.4627)
N	1228	1228	1228	1228	1228	1228	1228	1228	1228	1228	1228	1228
p	0.0000	0.0000	0.0000	0.0000	0.0000	0.0000	0.0000	0.0000	0.0000	0.0000	0.0000	0.0000

注：括号内为 t 检验值，***、**、* 分别表示回归系数在 1%、5% 和 10% 的统计水平上显著。

4.3.3　政治关联与民营企业获取政府环保补助

表 4 - 6 报告了民营企业政治关联对企业获取政府环保补助影响的回归结果。列（1）至列（4）分别显示了民营企业总体政治关联、董事长政治关联、CEO 政治关联和独立董事政治关联对企业获取的政府环保补助的影响。总体来看，民营企业的政治关联可以使企业从政府那里获得更多的环保补助，证实了本章的假设 2a。需要注意的是，民营企业政治关联对企业获取政府环保补助的正向影响程度比较微弱，具有政治关联的民营企业相比不具有政治关联的民营企业只能从政府那里多获得 0.0001 个标准化单位的环保补助。这可能是因为：一方面，企业所获取的政府环保补助占企业总资产的比重总体较小；另一方面，环保补助作为政府激励企业进行环境治理和保护的一种手段，毕竟是一种普惠型的政策工具，所有企业都有机会获得，只不过具有政治关联的企业获得的机会更大，但同等条件下具有政治关联的企业获得的环保补助规模并不会与其他企业拉开太大的差距。

表 4 - 6　　　　政治关联与民营企业获取的政府环保补助

	ensub_std			
	（1）	（2）	（3）	（4）
pr	0.0001 ** (2.2372)			
pr_chirm		0.0001 ** (2.1474)		
pr_ceo			0.0002 * (1.7809)	
pr_inddr				0.0001 (1.0828)
size	0.0003 *** (7.5884)	0.0003 *** (7.5735)	0.0003 *** (7.5739)	0.0003 *** (7.5825)
pro	− 0.0026 *** (− 3.7075)	− 0.0026 *** (− 3.7462)	− 0.0026 *** (− 3.7586)	− 0.0026 *** (− 3.6862)

续表

	ensub_std			
	（1）	（2）	（3）	（4）
grow	− 0.0001 （− 1.0042）	− 0.0001 （− 1.0219）	− 0.0001 （− 0.9659）	− 0.0001 （− 0.9937）
top1_sther	0.0000 （0.1515）	0.0000 （0.1432）	0.0000 （0.1857）	0.0000 （0.1560）
spr	− 0.0000 （− 1.1278）	− 0.0000 （− 1.1221）	− 0.0000 （− 1.0950）	− 0.0000 （− 1.1403）
execu_hold	0.0000 ** （2.3036）	0.0000 ** （2.2358）	0.0000 ** （2.4865）	0.0000 ** （2.2833）
year_sn	0.0000 （1.2090）	0.0000 （1.1782）	0.0000 （0.9666）	0.0000 （1.1752）
cic_sn	0.0000 * （1.8599）	0.0000 * （1.8026）	0.0000 * （1.6841）	0.0000 * （1.8401）
_cons	− 0.0079 *** （− 8.9892）	− 0.0078 *** （− 8.9267）	− 0.0077 *** （− 8.7977）	− 0.0078 *** （− 8.9653）
sigma_cons	0.0019 *** （43.5471）	0.0019 *** （43.5429）	0.0019 *** （43.5520）	0.0019 *** （43.5473）
N	2827	2827	2827	2827
p	0.0000	0.0000	0.0000	0.0000

注：括号内为 t 检验值，***、**、*分别表示回归系数在1%、5%和10%的统计水平上显著。

就民营企业不同高管的政治关联而言，董事长和CEO的政治关联可以帮助企业获得更多的政府环保补助，独立董事的政治关联对企业是否从政府那里获得更多的环保补助并没有产生显著影响。这一结果表明，在民营企业内部，只有掌握企业实权的董事长和CEO等高层决策者和执行者才会对企业的发展决策产生显著影响，独立董事更多的是为决策者提供参考建议，致使其对企业的影响较弱。因此，独立董事的政治关联并没有显著地对企业环保投资决策产生影响，而董事长和CEO的政治关联使其为了企业利益更多地响应政府要求，从而增加环保投资。独立董事政治关联对企业环保投资影响的不显著也反映了独立董事独立性的不强和地位相对不高，在大多数情况下沦为企业的人情董事，这也是国内企业普遍存在的一种现象。同样地，尽管民营企业董事长和 CEO 的政治关联有助于企业获得更多的政府环保补助，但"更多"的幅度也是比较小的，分别能够为企业多带来 0.0001 个和 0.0002 个标准化单位的政府环保补助，其原因同前文所述。

表 4-7 报告了民营企业中央政治关联和地方政治关联对企业政府环保补助获取的影响的回归结果。其中，列（1）至列（4）显示了中央政治关联对民营企业获取的政府环保补助的影响，列（5）至列（8）显示了地方政治关联对民营企业政府环保补助获取的影响。从民营企业中央政治关联（cpr）和地方政治关联（lpr）变量的参数估计结果来看，中央政治关联并没有对民营企业是否获得更多的政府环保补助产生明显的影响，但是地方政治关联却能够使民营企业获得的政府环保补助规模显著增加，这证实了假设 2b。民营企业通过地方政治关联而非中央政治关联获得了更多的政府环保补助，主要原因可能与中国的财政分权和分税制改革有关，政府环保补助的主要部分一般由地方政府分配，中央往往采取政策性的环保激励手段。

从民营企业不同高管的政治关联来看，只有独立董事的中央政治关联能够带来微弱幅度的企业环保补助增加，董事长和 CEO 的中央政治关联均不会使企业获得更多的政府环保补助。而在中国现有体制和环境下，独立董事往往对企业决策的影响较弱，因此，独立董事的中央政治关联对民营企业获取政府环保补助的微弱促进作用并不会改变民营企业获取政府环保补助的总体方向。在地方政治关联层面则不然，掌握民营企业实权的董事长和 CEO 的地方政治关联均能够显著增加企业获得的政府环保补助规模，虽然独立董事的地方政治关联没有为企业获得更多的政府环保补助带来实质性的帮助，但也不会改变地方政治关联可以帮助民营企业获得更多政府环保补助的事实。

4.3.4　政治关联、政府环保补助与民营企业环保投资

表 4-8 与表 4-9 报告了民营企业政治关联、获取政府环保补助和企业环保投资三者之间关系的回归检验结果。本书共进行了三组检验，分别在是否具有政治关联以及不同类型的政治关联情形下检验民营企业获取的政府环保补助是否有利于企业增加环保投资总额、资本化的环保投资和费用化的环保投资。表 4-8 显示了具有政治关联的民营企业与不具有政治关联的民营企业获取政府环保

表4-7　中央政治关联、地方政治关联与民营企业获取的政府环保补助

	ensub_std							
	(1)	(2)	(3)	(4)	(5)	(6)	(7)	(8)
cpr	0.0002 (1.0388)							
cpr_chirm		0.0001 (0.5520)						
cpr_ceo			-0.0001 (-0.8376)					
cpr_inddr				0.0002* (1.8063)				
lpr					0.0011** (2.3774)			
lpr_chirm						0.0006** (2.2770)		
lpr_ceo							0.0007** (2.3737)	
lpr_inddr								0.0000 (0.1248)
size	0.0003*** (4.9041)	0.0003*** (4.9956)	0.0003*** (5.0155)	0.0003*** (4.8153)	0.0003*** (5.1459)	0.0003*** (5.1017)	0.0003*** (5.0777)	0.0003*** (5.1479)
pro	-0.0028*** (-3.0277)	-0.0028*** (-3.0168)	-0.0027*** (-2.9869)	-0.0027*** (-3.0019)	-0.0014 (-1.5190)	-0.0014 (-1.4726)	-0.0015 (-1.6217)	-0.0014 (-1.5090)
grow	-0.0001 (-0.9460)	-0.0001 (-0.9843)	-0.0001 (-0.9757)	-0.0001 (-0.9551)	-0.0000 (-0.2547)	-0.0000 (-0.1988)	-0.0000 (-0.1478)	-0.0000 (-0.2514)
top1_sther	0.0000 (0.5893)	0.0000 (0.5749)	0.0000 (0.5449)	0.0000 (0.6311)	-0.0000** (-1.9901)	-0.0000** (-2.0827)	-0.0000** (-2.0139)	-0.0000** (-1.9838)
spr	0.0000 (0.2325)	0.0000 (0.1970)	0.0000 (0.1856)	0.0000 (0.2630)	0.0000 (0.0424)	-0.0000 (-0.1581)	-0.0000 (-0.0524)	0.0000 (0.0587)

续表

	ensub_std				ensub_std			
	(1)	(2)	(3)	(4)	(5)	(6)	(7)	(8)
execu_hold	0.0000 (0.1982)	0.0000 (0.3053)	0.0000 (0.4468)	0.0000 (0.2212)	0.0000 (0.3999)	0.0000 (0.2636)	0.0000 (0.2028)	0.0000 (0.4064)
year_sn	0.0000 (1.0024)	0.0000 (0.6589)	0.0000 (0.5333)	0.0000 (0.9302)	0.0001** (2.0447)	0.0001** (2.2527)	0.0001** (2.1167)	0.0001** (2.0637)
cic_sn	−0.0000 (−0.1417)	−0.0000 (−0.3077)	−0.0000 (−0.3573)	−0.0000 (−0.1725)	0.0001*** (2.9342)	0.0000*** (2.8009)	0.0000*** (2.7431)	0.0001*** (2.9606)
_cons	−0.0067*** (−5.7228)	−0.0066*** (−5.6324)	−0.0065*** (−5.5807)	−0.0065*** (−5.6032)	−0.0080*** (−6.2753)	−0.0078*** (−6.2130)	−0.0078*** (−6.1780)	−0.0080*** (−6.3250)
sigma_cons	0.0017*** (30.3176)	0.0017*** (30.3098)	0.0017*** (30.3131)	0.0017*** (30.3162)	0.0018*** (27.1367)	0.0017*** (27.1562)	0.0017*** (27.1576)	0.0018*** (27.1361)
N	1355	1355	1355	1355	1228	1228	1228	1228
p	0.0000	0.0000	0.0000	0.0000	0.0000	0.0000	0.0000	0.0000

注：括号内为 t 检验值，***、**、* 分别表示回归系数在 1%、5% 和 10% 的统计水平上显著。

补助对企业环保投资规模的影响，表4-9显示了具有中央政治关联和地方政治关联的民营企业获取政府环保补助对企业环保投资规模的影响。

表4-8 政府环保补助与民营企业环保投资
（政治关联 VS 非政治关联）

	政治关联企业			非政治关联企业		
	total_envst_std	cap_envst_std	exp_envst_std	total_envst_std	cap_envst_std	exp_envst_std
ensub_std	1.7904 *** (5.7244)	2.6518 *** (4.6401)	0.4095 *** (4.5870)	1.3195 ** (2.2910)	2.0136 ** (2.5005)	0.3018 *** (2.8186)
size	0.0021 *** (7.6576)	0.0033 *** (7.3642)	0.0003 *** (3.5843)	0.0041 *** (4.6347)	0.0076 *** (4.5817)	0.0006 *** (3.5461)
pro	-0.0200 *** (-4.4423)	-0.0319 *** (-4.3022)	-0.0037 *** (-2.6394)	-0.0357 ** (-2.3474)	-0.0980 *** (-3.5495)	-0.0034 (-1.1617)
grow	0.0007 (1.2285)	0.0013 (1.4252)	-0.0001 (-0.6769)	-0.0004 (-0.2015)	0.0026 (0.7763)	-0.0005 (-0.8683)
top1_sther	0.0001 ** (2.5265)	0.0001 *** (2.7543)	-0.0000 (-0.0075)	-0.0001 (-1.6445)	-0.0000 (-0.3909)	-0.0000 *** (-2.9854)
spr	-0.0000 (-0.7909)	0.0000 (0.5433)	-0.0000 (-1.5856)	-0.0001 (-1.3262)	0.0000 (0.3306)	-0.0000 *** (-3.3392)
execu_hold	-0.0000 (-0.6788)	-0.0001 (-1.4557)	0.0000 * (1.8770)	0.0000 (0.2428)	0.0001 (0.5723)	0.0000 (0.5624)
year_sn	-0.0002 (-1.2884)	-0.0004 * (-1.6525)	0.0000 (0.2357)	-0.0005 (-1.2327)	-0.0010 (-1.3285)	-0.0001 (-1.0034)
cic_sn	-0.0003 *** (-3.5086)	-0.0005 *** (-3.3170)	-0.0001 *** (-2.9031)	-0.0006 ** (-2.3750)	-0.0009 ** (-2.0768)	-0.0001 *** (-2.7015)
_cons	-0.0457 *** (-8.0956)	-0.0785 *** (-8.3392)	-0.0077 *** (-4.5202)	-0.0797 *** (-4.4630)	-0.1659 *** (-4.8073)	-0.0106 *** (-3.0861)
sigma_cons	0.0112 *** (38.0443)	0.0158 *** (27.5066)	0.0031 *** (28.8119)	0.0137 *** (14.1493)	0.0198 *** (9.9588)	0.0025 *** (12.1882)
N	2386	2386	2386	441	441	441
p	0.0000	0.0000	0.0000	0.0000	0.0000	0.0000

注：括号内为 t 检验值，***、**、* 分别表示回归系数在1%、5%和10%的统计水平上显著。

由表 4 - 8 可知，民营企业无论是否具有政治关联，从政府那里获取环保补助都可以使企业环保投资规模增加。但是，相比而言，具有政治关联的民营企业获取政府环保补助能够更加显著地促进企业增加环保投资，并且环保投资规模增加的幅度也更大，不仅体现为环保投资总额的增加幅度更大，而且资本化环保投资和费用化环保投资增加幅度也都更大。具体而言，具有政治关联的民营企业从政府那里获得 1 标准化单位的环保补助，可以使企业环保投资总额、资本化的环保投资和费用化的环保投资分别增加 1.7904 个、2.6518 个和 0.4095 个标准化单位，而不具有政治关联的民营企业只能使三者分别增加 1.3195 个、2.0136 个和 0.3018 个标准化单位，这使得本章的假设 3a 得到证实。

表 4 - 9　　政府环保补助与民营企业环保投资

（中央政治关联 VS 地方政治关联）

	中央政治关联企业			地方政治关联企业		
	total_envst_std	cap_envst_std	exp_envst_std	total_envst_std	cap_envst_std	exp_envst_std
ensub_std	2.2853 *** (4.6869)	2.7845 *** (3.6702)	0.3330 *** (3.3677)	1.4839 *** (3.6194)	2.0653 *** (3.3283)	0.3187 *** (3.1166)
size	0.0027 *** (5.3323)	0.0042 *** (4.8603)	0.0003 *** (2.6377)	0.0013 *** (3.2164)	0.0025 *** (3.5478)	0.0002 ** (2.1610)
pro	− 0.0274 *** (− 3.2970)	− 0.0548 *** (− 3.6735)	− 0.0022 (− 1.2754)	− 0.0051 (− 0.7734)	− 0.0088 (− 0.8135)	− 0.0022 (− 1.2044)
grow	0.0020 ** (2.0060)	0.0027 (1.5752)	0.0001 (0.4979)	− 0.0013 (− 1.1688)	− 0.0018 (− 0.9198)	− 0.0003 (− 1.0596)
top1_sther	0.0002 *** (3.8169)	0.0002 *** (3.6181)	0.0000 (0.6454)	− 0.0000 (− 0.8685)	− 0.0000 (− 0.4102)	− 0.0000 (− 0.4734)
spr	− 0.0000 (− 0.1240)	0.0000 (0.3172)	− 0.0000 (− 0.8137)	− 0.0000 (− 0.8540)	0.0000 (0.4784)	− 0.0000 (− 1.0695)
execu_hold	− 0.0000 (− 0.6424)	− 0.0003 ** (− 2.1880)	0.0000 *** (2.7593)	0.0000 (0.3851)	0.0001 (0.6504)	0.0000 (0.2235)
year_sn	0.0002 (0.6245)	0.0001 (0.2862)	0.0000 (0.3416)	− 0.0002 (− 1.1359)	− 0.0004 (− 1.1748)	0.0000 (0.4944)
cic_sn	− 0.0004 *** (− 2.6777)	− 0.0004 * (− 1.6509)	− 0.0001 *** (− 3.4102)	0.0002 (1.5239)	0.0002 (1.0373)	0.0000 (0.3098)
_cons	− 0.0642 *** (− 5.8261)	− 0.1055 *** (− 5.7137)	− 0.0068 *** (− 2.9846)	− 0.0328 *** (− 3.8297)	− 0.0670 *** (− 4.4476)	− 0.0070 *** (− 3.0845)

续表

	中央政治关联企业			地方政治关联企业		
	total_envst_std	*cap_envst_std*	*exp_envst_std*	*total_envst_std*	*cap_envst_std*	*exp_envst_std*
sigma_cons	0.0128 *** (25.3972)	0.0183 *** (18.1945)	0.0025 *** (19.3577)	0.0099 *** (20.3649)	0.0143 *** (14.7069)	0.0023 *** (15.3116)
N	914	914	914	787	787	787
p	0.0000	0.0000	0.0000	0.0000	0.0000	0.0000

注：括号内为 t 检验值，***、**、* 分别表示回归系数在 1%、5% 和 10% 的统计水平上显著。

由表 4-9 可知，具有中央政治关联的民营企业相比具有地方政治关联的民营企业，所获得的政府环保补助可以使企业环保投资规模增加更多。具体而言，具有中央政治关联的民营企业每获得 1 标准化单位的政府环保补助，可以分别使企业的环保投资总额、资本化的环保投资和费用化的环保投资分别增加 2.2853 个、2.7845 个和 0.3330 个标准化单位，而具有地方政治关联的民营企业每获得 1 标准化单位的政府环保补助，只能使企业的环保投资总额、资本化环保投资和费用化环保投资分别增加 1.4839 个、2.0653 个和 0.3187 个标准化单位。从这个意义来讲，相比于地方政治关联而言，中央政治关联更能够促使民营企业将自身获得的政府环保补助转化为环保投资，从而证实了假设 3b。

4.3.5 进一步分析

虽然通过分组检验，可以发现在不同类型的政治关联情形下，民营企业获得的政府环保补助对其环保投资规模的影响。但是，政治关联如何通过政府环保补助这一路径机制对民营企业环保投资产生影响并没有直接得到验证。这需要借助中介效应模型加以检验，如果政府环保补助的中介效应显著（或部分显著），那么就可以认为政府环保补助是政治关联影响企业环保投资的一条重要路径。前文理论和实证结果表明，企业政治关联中董事长和 CEO 的政治关联对民营企业环保投资具有更加直接显著的影响，而独立董事的政治关联通常没有对企业环保投资产生明显的作用，因此，这里着重从总体政治关联、董事长政治关联及 CEO 政治关联角度出发，检验政治关联通过政府环保补助这一中介变量对企业环保投资的影响机制。

本书借鉴温忠麟等（2004）的方法，拟采用的中介效应模型如下：

$$total\_envst\_std = \beta_0 + \beta_1 political + \beta_2 controls + \varepsilon \qquad (4-10)$$

$$ensub\_std = \gamma_0 + \gamma_1 political + \gamma_2 controls + \varepsilon \qquad (4-11)$$

$$total\_envst\_std = \mu_0 + \mu_1 ensub\_std + \mu_2 political + \mu_3 controls + \varepsilon \qquad (4-12)$$

其中，$total\_envst\_std$ 为采用总资产标准化的民营企业环保投资总额，$political$ 代表企业政治关联，包括总体政治关联（pr）、董事长政治关联（pr_chirm）以及 CEO 政治关联（pr_ceo），$ensub\_std$ 表示政府环保补助，$controls$ 表示一系列控制变量，具体含义与前文所述一致，不再赘述。

具体检验步骤为：首先，检验模型（4-10）中的系数 β_1，如果显著，则进行下一步的检验，如果不显著，说明企业政治关联对企业环保投资没有影响，停止中介效应检验。其次，依次检验模型（4-11）和模型（4-12）中的系数 γ_1 和 μ_1，如果均显著，则表示政治关联对企业环保投资规模的影响至少有一部分是通过政府环保补助来发挥作用的，接着看模型（4-12）中的系数 μ_2 是否显著，如果显著，则说明政治关联对企业环保投资规模的影响只有一部分是通过政府环保补助来发挥作用，即部分中介效应；如果不显著，则说明政治关联对企业环保投资规模的影响完全通过政府环保补助发挥作用，即完全中介效应。如果模型（4-11）和模型（4-12）中的系数 γ_1 和 μ_1 中至少有一个不显著，则进行 Sobel（1982）检验，如果显著，则说明政府环保补助的中介效应显著，若不显著，则说明政府环保补助的中介效应不显著。具体检验程序如图 4-1 所示。

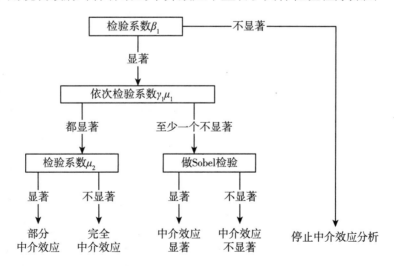

图 4-1　中介效应检验程序

β_1和γ_1的系数在前文中已经证实显著为正，这里不再赘述。表4-10报告了中介效应的检验结果。可以看出，不论是总体政治关联还是CEO或董事长的政治关联，民营企业从政府那里获得政府环保补助都是政治关联影响企业环保投资的一个显著中介变量。政治关联的检验系数显著为正，意味着部分中介效应，即民营企业政治关联除了通过获得政府环保补助促使企业环保投资规模的增长外，可能还有其他路径，如税收优惠等，这与前文的分析是相一致的。

表4-10　　政治关联、环保补助与企业环保投资的中介效应检验

	ensub_std		
	（1）	（2）	（3）
ensub_std	1.3791 *** (6.1763)	1.3852 *** (6.2077)	1.3776 *** (6.1717)
pr	0.0017 ** (2.1579)		
pr_chirm		0.0009 * (1.6817)	
pr_ceo			0.0004 * (1.7244)
size	0.0023 *** (8.7581)	0.0022 *** (8.6877)	0.0022 *** (8.7281)
pro	-0.0220 *** (-5.0453)	-0.0221 *** (-5.0630)	-0.0219 *** (-5.0297)
grow	0.0006 (1.1321)	0.0006 (1.1073)	0.0006 (1.1478)
top1_sther	0.0000 * (1.7457)	0.0000 * (1.7668)	0.0000 * (1.7982)
spr	-0.0000 (-1.2533)	-0.0000 (-1.1840)	-0.0000 (-1.1994)
execu_hold	-0.0000 (-0.7040)	-0.0000 (-0.7866)	-0.0000 (-0.5879)
year_sn	-0.0002 * (-1.6676)	-0.0002 * (-1.7412)	-0.0003 * (-1.9247)

续表

	ensub_std		
	(1)	(2)	(3)
cic_sn	− 0. 0003 ***	− 0. 0003 ***	− 0. 0003 ***
	(− 4. 1260)	(− 4. 1617)	(− 4. 2254)
_cons	− 0. 0503 ***	− 0. 0488 ***	− 0. 0484 ***
	(− 9. 2344)	(− 9. 0620)	(− 8. 9654)
sigma_cons	0. 0115 ***	0. 0115 ***	0. 0115 ***
	(40. 5748)	(40. 5838)	(40. 5797)
N	2827	2827	2827
p	0. 0000	0. 0000	0. 0000

注: 括号内为 t 检验值, ***、 **、 * 分别表示回归系数在 1%、5% 和 10% 的统计水平上显著。

4.3.6　稳健性检验

为了验证实证结果的稳健性, 本章采取指标替换的方式重新检验民营企业政治关联、获取政府环保补助与企业环保投资之间的关系。前文实证分析对企业环保投资和政府环保补助变量采取的标准化方式为企业总资产标准化, 下面本章借鉴杜勇、陈建英 (2016) 的方法, 对企业环保投资总额、资本化环保投资、费用化环保投资和政府环保补助取自然对数, 重新进行 Tobit 回归, 详细检验结果见附录 A。

附录表 A – 1 至表 A – 3 报告了前文假设 1 实证的稳健性检验结果。可以看出, 将民营企业环保投资由总资产标准化改为对数标准化之后, 政治关联仍然显著促进了民营企业环保投资规模的增加。稍有不同的是, 民营企业董事长和 CEO 政治关联对企业资本化环保投资的影响不再显著, 但这并没有影响董事长和 CEO 政治关联对民营企业环保投资总额的正向影响效应。这表明, 本章对假设 1a 和 1b 的实证检验结果具有稳健性。将民营企业的政治关联区分为中央政治关联和地方政治关联之后, 使用对数标准化的企业环保投资的回归结果与前文基本保持一致, 民营企业的中央政治关联仍然可以显著促进企业环保投资总额和资本化环保投资的增加, 地方政治关联则主要对企业的费用化环保投资增加产生了促进作用，假设 1c 仍然得到了证实。

附录表 A-4 至表 A-6 报告了前文假设 2 实证的稳健性检验结果。可以看出，民营企业的政治关联依然确保了企业可以从政府那里获得更多的环保补助，假设 2a 的结论得到进一步印证。不过此时民营企业 CEO 的政治关联对企业获取环保补助的正向效应不再显著。关于民营企业中央政治关联和地方政治关联对其获取政府环保补助的影响与前文结论完全一致，使用对数化处理的环保补助变量，中央政治关联仍然不能使企业获得更多的政府环保补助，而地方政治关联则显著增加的企业获得的政府环保补助规模，这表明假设 2b 的结论非常稳健。

附录表 A-7 与表 A-8 报告了前文假设 3 实证的稳健性检验结果。在将企业环保投资变量和政府环保补助变量替换为对数化变量后，在不同政治关联分组下，民营企业获取的政府环保补助对其环保投资的影响结果并没有发生改变，具有政治关联的民营企业相比不具有政治关联的民营企业，在获得政府环保补助之后，环保投资总额、资本化的环保投资和费用化的环保投资均具有更加明显的增长；同时，中央政治关联的民营企业与地方政治关联的民营企业相比，环保投资总额和费用化的环保投资增加幅度更大，唯一不同的是，此时中央政治关联的民营企业在资本化环保投资的增长方面略低于地方政治关联的民营企业。尽管稳健性检验的结论与前文主检验略有差异，但也重新证实了本章关于假设 3a 和假设 3b 的论断，实证结果仍然是稳健的。

总体来看，改变核心变量的标准化方式并不会改变本章的主要实证结论，前文关于民营企业政治关联、政府环保补助和企业环保投资关系的结论是可靠的。但是，有一点需要特别说明，本书对民营企业高管政治关联的衡量属于"显性"的政治关联，也就是根据公开的企业资料和高管背景能够直接获取的高管政治关联。然而，在现实经济社会中，民营企业高管还存在很多"隐性"的政治关联，比如一个高管本身并不具有（显性）政治关联，但是他（她）的亲朋好友、师长同学等具有政治关联，这就构成了"隐性"的企业政治关联。显然，民营企业高管的隐性政治关联也会对企业环保投资决策和获取政府环保补助产生影响，如果现实中隐性政治关联在民营企业中占据主导地位，那么本章取得的实证结果可能就不具有代表性和稳健性了。遗憾的是，受制于民营企业隐性政治关联数据的不可获得，我们无法对此进行实证检验。即使如此，在现有已知条件下，本章关于民营企业政治关联、政府环保补助和企业环保投资关系的论述还是可靠和稳健的。

4.4　本章小结

本章基于我国 2008—2015 年沪深两市 A 股上市的重污染行业民营企业环保投资与获取的政府环保补助数据以及企业高管的政治关联数据，运用 Tobit 模型实证检验了民营企业政治关联、获取政府环保补助和企业环保投资规模之间的关系，并通过指标替换的方式对实证结果进行稳健性检验，得出了以下具有可信度的结论：

（1）关于民营企业政治关联与企业环保投资之间的关系，本章有三个基本发现：第一，相比不具备政治关联的民营企业，具备政治关联的民营企业环保投资规模更高，特别体现在环保投资总额和费用化的环保投资方面。也就是说，民营企业总体的政治关联带来了企业环保投资规模的增加，但增加的环保投资主要用于环保管理等表面性支出，并没有通过引进环保治理和节能减排设备进行实质性的环保投资规模扩张。这也说明，在中国现有的体制环境下，具有政治关联的民营企业在面临来自政府施加的环保压力时，会适当地迎合政府需求，在环境治理和保护方面适当增加环保投资。第二，民营企业不同高管层级的政治关联对企业环保投资的影响不尽相同。实证结果显示，民营企业董事长和 CEO 的政治关联可以显著促使企业增加环保投资，而独立董事的影响则并不显著。这表明董事长和 CEO 作为企业的实际权力掌控者和执行者，其政治关联对企业的影响是实质性的，而独立董事在国内大环境下并没有显示出很强的独立性，许多时候沦为企业的人情董事，因此，对企业环保投资决策影响自然不明显。第三，具有中央政治关联的民营企业在环保投资规模上的扩张是全方位的，企业环保投资总额、资本化的环保投资和费用化的环保投资均有不同幅度的增长，这表明中央政治关联使企业对中央要求环境保护的决心和意图领会更深刻；而具有地方政治关联的民营企业在环保投资上的增加更多地体现在费用化环保投资方面，这与企业深知地方政府更看重经济发展和政绩竞争的心态密不可分，因此，具有地方政治关联的民营企业大多时候只是在表面上增加企业环保投资。

（2）关于民营企业政治关联与其获得的政府环保补助之间的关系，本章有两个基本发现：第一，具有政治关联确实可以帮助民营企业获得更多的政府环保补助，尤其是董事长和 CEO 的政治关联发挥了主要作用，独立董事的影响不够明显。第二，从政治关联的政府层级来看，民营企业获得的政府环保补助更多地来源于地方政治关联，中央政治关联在整体上并没有带来民营企业获取政府环保补助的显著增加，这主要和中国的财政分权体制相关，环保补助的财政资金大部分来源于地方政府，此时民营企业的地方政治关联就可以发挥较大的作用。

（3）关于政治关联背景下民营企业获取政府环保补助与企业环保投资之间的关系，本章也有两个基本发现：第一，不论是否具有政治关联，民营企业只要从政府那里获得环保补助，都会显著增加企业的环保投资规模，但是具有政治关联的民营企业在获得环保补助后，企业环保投资规模增加的幅度更大，这不仅体现在环保投资总额方面，也体现在资本化的环保投资和费用化的环保投资方面。第二，相比于地方政治关联而言，中央政治关联更能够促使民营企业将其所获得的政府环保补助转化为企业环保投资。

第 5 章 政治关联、环境规制与 民营企业环保投资

5.1 理论分析与研究假设

5.1.1 环境规制对民营企业环保投资的直接影响

王书斌和徐盈之（2015）的研究发现，随着地区环境规制强度的不断变化，企业会适时调整自身的环保投资策略。事实上，一个地区的环境规制强度，既会影响企业自身的环保投资活动，还会影响政府对企业环保投资行为的干预。环境规制属于政府行为，政府行为通过政治关联这一传导媒介也会影响企业的环保投资行为。由此，本章将分析在不同的环境规制强度条件下，政治关联对民营企业环保投资规模的影响是否会发生变化，并考察环境规制在政治关联影响民营企业环保投资中的调节效应。

环境规制作为社会性规制的重要内容之一，通常是指政府通过制定一系列的政策或措施，对企业排污行为进行干预，以达到减少企业污染排放，实现环境与经济社会协调发展的目标（王怡，2008；刘伟明，2012；侯一明，2016）。可以看出，环境规制对企业而言属于一种强制性的外部约束，它必然迫使企业采取相应的措施降低对生态环境所造成的污染，这就不可避免地会对企业的环保投资行为产生影响（Farzin and Kort，2000）。

关于环境规制对民营企业环保投资的影响，学术界一般通过以下三个理论假说进行分析：

一是要素禀赋假说。企业经营的目的就是运用所掌握的各种要素实现利润最大化，在面临政府环境规制约束时，企业会调整相应的要素投入，如果由此得到收益大于付出的环境成本，那么，企业就会积极配合政府强制性的环境规制要求；反之，如果受环境规制约束导致企业要素投入所带来的收入不足以弥补付出的环境成本，企业就会应付甚至放弃遵守环境规制要求，设法避免环保投资。也就是说，要素禀赋假设在论证环境规制影响企业环保投资时，依据的是环境规制条件下企业要素投入所带来的收益与成本之比，不同的环境规制强度会对企业要素投入所产生的收益和付出的成本产生不同的影响（杨爽，2015）。

二是波特假说。波特假说立足于企业竞争视角描述政府环境规制对企业环保投资决策的影响，假说认为环境规制的强制性特点将会激励企业采用节能环保设备或者进行环保技术创新（Porter，1991），即认为通过政府的环境规制可以促进企业增加相关环保投资。这在短期内可能增加了企业的生产成本，但也积极应对了政府环境规制带来的冲击，并且从长远发展的角度来看，环境规制对企业核心市场竞争力的增强具有显著的积极影响。

三是污染天堂假说。根据污染天堂假说的基本观点，政府制定实施具有强制性的环境规制目的在于促使企业增加资金投入，用于改善环境质量并进行长期维护。但是，环保资金投入的增加所带来的是企业成本上升，利润最大化的空间缩小。另一方面，由于所面临的具体环境状况不同，不同地区政府制定的环境规制强度也存在着一定差异，环境规制强度越高，企业所面临的环保压力和成本压力也越大，为了规避环境规制给企业带来的冲击，企业很有可能选择到环境规制强度较弱的地区进行生产和投资（Arouri et al.，2012）。因此，污染天堂假说实际上反映了不同环境规制强度对企业环保投资选择的影响。

上述三种理论假说由于出发点和侧重点不同，因此，基础学者们并没有就环境规制影响企业环保投资这一问题达成统一的意见。另外，企业环保投资决策不仅受政府环境规制的影响，还与企业自身定位发展和市场环境相关，因此，环境规制对其产生的影响也可能是复杂的（彭峰和李本东，2005）。目前，学术界关于环境规制影响企业环保投资的主流论断认为，企业环保投资规模与政府环境规制强度之间具有非线性的"U"形关系（Maxwell and Decker，2006；原毅军和耿殿贺，2010；杨爽，2015）。企业环保投资与政府环境规制强度之间的关系存在一个"拐点"，在环境规制强度较低的情况下，大多数企业会选择较小的环保投资规模,在达到"拐点"之前,甚至可能会出现随着环境规制强度的逐渐加大,环保投资规模却逐渐减小的趋势(陈琪,2014)。这可能是由于企业会在进行环保投资与接受环境违法处罚之间权衡,在环保投资成本显著高于环境违法成本时,企业会更加倾向于接受环境违法处罚,随着环境规制逐渐上升,企业用于环境处罚的支出增多,进一步挤占了环保投资资金,从而导致环保投资下降。但是当环境规制强度很高时,企业如果不遵守环境规制,则可能受到政府非常严厉的环境规制处罚,这甚至可能超过企业因此付出的环境成本,因此,在这种情况下,企业往往会加大环保投资力度,以规避环境处罚。

然而,环境规制与企业环保投资之间"U"形关系的论断建立在较长的时间序列样本之下。现实经验确实如此,随着环境问题的日益严峻,环境规制强度也在日趋上升。就当前国内环境问题的基本态势而言,我们有理由认为,我国环境规制强度处于一个相对较高的水平,特别是党的十八大以来生态文明建设被提高到一个前所未有的高度,各地政府对环境保护工作的重视程度有增无减。因此本书认为,在目前国内经济社会发展和环境形势下,环境规制强度与企业环保投资之间不再是传统的"U"形关系,而是位于"U"形关系的右侧,即随着环境规制强度的提高,企业环保投资增加。并且,基于本书获取的民营上市企业环保投资数据也可以发现类似的规律。由此,本章提出如下研究假设:

假设 1:地区环境规制强度与民营企业环保投资呈正相关关系。

5.1.2 特定环境规制条件下政治关联对民营企业环保投资的影响

本书上一章证实了具有政治关联的民营企业为了长期维持与政府之间的良好关系,往往会分担政府的环保压力,适当地增加企业环保投资。但是,作为企业,盈利仍然是首要目标。因此,在增加环保投资的时候,企业一般更倾向于做一些表面工程,如在园区绿化等方面增加费用化的环保投资,并不会下大力气采用新技术、新设备增加资本化的环保投资。那么,当面临一定强度的环境规制约束时,企业的这种环保投资决策是否会发生变化呢?本书认为,环境规制会促使民营企业扩大环保投资规模,具体理论机制如下:如前文所述,环境规制是政府采取的一种强制性举措,企业并没有主动权,只能选择是否遵守(Martin and Moser,2016)。对于具有政治关联的民营企业而言,如果选择不遵守，那么就意味着与政府处于对立面，对维持与政府之间的政治关联极其不利。所以，具有政治关联的民营企业一般都会倾向于选择遵守环境规制的要求，并增加环保投资，与无环境规制时政治关联效应叠加，企业环保投资规模的增加幅度也会进一步提升（高麟和胡立新，2017）。基于此，本章提出如下研究假设：

假设 2a：在特定的环境规制条件下，民营企业的政治关联会进一步促使其增加环保投资。

由于民营企业高管不同的政府层级背景，企业政治关联可以分为中央政治关联和地方政治关联两种。另外，环境规制既可能由中央政府制定，也可能由地方政府制定。一般情况下，我国的环境规制是由中央政府划定一个底线标准，而地方政府则负责具体的规制政策制定和完善。因此，在特定环境规制条件下，民营企业的中央政治关联与地方政治关联对其环保投资的影响可能会有所变化。

对具有中央政治关联的民营企业而言，在没有考虑环境规制约束时，企业就会主动配合政府的环境治理和保护工作，增加环保投资，并且是全方位的环保投资增加。当面临一定强度的环境规制约束后，政府环境治理和保护的压力随之提高，对企业的要求也相应提高（毕茜和于连超，2016）。具有中央政治关联的民营企业本身对中央要求环保的意图非常清楚，同时，为了更好地维持这种相对高端的政治关联，它们会更加积极地遵守政府的环境规制要求，在原有基础上进一步增加环保投资，特别是资本化的环保投资。对于地方政治关联的民营企业而言，在不存在环境规制约束的条件下，它们并不会主动自愿的增加自身环保投资，甚至会利用与地方政府的政治关系进行寻租，以降低环保投资带来的生产成本（韩超等，2017）。当受到一定程度的环境规制约束后，企业因此需要付出的生产成本更高，为了实现利润最大化的目标，它们会更多地利用政治关系与地方政府达成某种默契，不对环保投资规模进行扩张，甚至会从更加容易降低成本的费用化环保投资方面加以削减（李维安等，2015）。基于此，本章提出如下研究假设：

假设 2b：在特定的环境规制条件下，具有中央政治关联的民营企业环保投资规模进一步扩张，并且是全方位的扩张。

假设 2c：在特定的环境规制条件下，具有地方政治关联的民营企业不会选择增加环保投资规模，甚至会减少费用化的环保投资。

5.1.3　环境规制对政治关联与民营企业环保投资关系的调节效应

据前文相关理论分析可知，在特定的环境规制条件下，民营企业政治关联对其环保投资决策影响的基本方向并未发生根本性的变化。但是，环境规制还是发挥了一定的影响作用。由于本书关注的核心问题是政治关联与民营企业环保投资之间的关系，因此，环境规制在其中扮演的角色准确来说是一种调节变量，它会对政治关联与民营企业环保投资之间的关系产生影响，即调节效应。也就是说，民营企业政治关联与其环保投资之间的关系可以视为环境规制的函数。如果用 Y 表示企业环保投资，X 表示政治关联，E 是发挥调节作用的环境规制，则 Y 与 X 之间的相关关系就是 E 的函数（温忠麟等，2005）。

调节效应属于一种特殊的交互效应，是具有因果指向的交互效应，单纯的交互效应则可以互为因果关系。因此，在理解环境规制对民营企业政治关联与其环保投资关系的调节效应时，必须要明确的是环境规制对二者关系所产生的影响。借助符号变量，我们可以把环境规制对企业政治关联与环保投资关系的调节效应抽象化为方程表达式：$Y = a + bX + cE + dEX + e$。其中，$E$ 为调节变量环境规制，EX 表示调节效应，其系数 d 是衡量调节效应的关键指标。通过对上述方程式关于解释变量政治关联求偏导，得到 $\partial Y / \partial X = b + dE$。令 $\partial Y / \partial X = 0$，可以得到调节变量环境规制强度的一个临界值 $E = -b/d$，在临界值的两侧，环境规制对民营企业政治关联与其环保投资关系的调节作用是不相同的。

在前文分析中，本书通过实证检验证实了民营企业政治关联对其环保投资整体上具有显著的正向促进作用，也就意味着上述方程中 X 的系数 $b > 0$。那么，如果调节效应系数也为正，环境规制强度的临界值 E 必然小于零，显然不符合现实情况，因此调节效应系数 $d < 0$。那么，当环境规制强度在临界值 E 两侧时，环境规制的调节效应又是如何呢？

本书将环境规制强度低于临界值定义为规制强度较低，高于临界值定义为环境规制强度较高。在较低的环境规制强度下，企业面临的环保压力也相对较小，一般意义上可以选择较小规模的环保投资。但是，对于具有政治关联的民营企业而言，虽然环境规制给予的压力不大，却也不意味着没有影响，特别是当政府有环境治理和保护的任务与要求（王志亮和张彤，2016）。为迎合政府需要，继续维持巩固自身的政治关联，它们有极高的可能选择增加环保投资，并且更愿意增加费用化的环保投资。这一方面是对政府环境规制的积极响应，可以继续维持与政府之间的关联，另一方面，较低的环境规制强度所带来的费用化环保投资也不会对企业造成非常大的成本压力（Antonietti and Marzucchi，2014；杜勇和陈建英，2016）。在较高的环境规制强度下，强制性的环境规制会使民营企业面临相对更大的成本上升压力。这时，为了追逐更高的收益，具有政治关联的民营企业可能不再愿意积极配合政府执行环境规制要求，它们会更多地利用与政府的政治关联开展寻租，减少环保投资规模，以达到降低生产成本的目的（魏江等，2013）。也就是说，当环境规制强度较低时，环境规制可以对民营企业政治关联与其环保投资之间的关系产生积极的调节作用，一旦环境规制强度突破某个限度，它对二者关系的调节就会转变为消极效应。基于此，本章提出如下研究假设：

假设 3：环境规制对民营企业政治关联与环保投资之间关系的调节效应呈倒"U"形分布。

5.2　地区环境规制强度的测算

环境规制是本章实证分析的一个重要变量。目前，学术界测算环境规制强度的主要方法可以分为单一指标法、替代指标法、复合指标法、赋值法等。单一指标法指的是将环境规制强度的大小用治污成本或者某种环境规制工具下的规制效果来表示。例如 Ljungwall and Linde（2005）将环境规制强度用所有付费企业平均承担的环境污染费用来代替表示。替代指标法指的是将环境规制强度用一些与环境规制具有相关关系的非污染物指标来代替表示，例如可以用能源效率来衡量环境规制强度（Sonia and Natalia，2008）。复合指标法指的是将环境规制强度通过几个指标进行综合反映。Eliste and Fredriksson（2001）在衡量农业部门环境规制强度时，通过分析 60 个国家的环境政策、环境立法等来进行了指标的综合选取。赋值法指的是用数字人为的对环境规制强度进行赋值化处理，赋值的大小与环境规制强度大小相对应呈正向关系，以此来区分不同时期不同地区的环境规制强度。本章拟采用多种方法对地区环境规制强度进行测算，并基于复合指标法测算得到的环境规制强度做进一步的实证分析。

5.2.1　单一指标衡量的地区环境规制强度

参考董直庆等（2015）、尤济红和王鹏（2016）等的研究方法，选择地区单位工业增加值征收的排污费作为环境规制强度的衡量指标。各地区工业增加值数据来自于《中国统计年鉴》、相关排污费征收数据来自于《中国环境年鉴》，数据采集区间为 2008—2015 年。表 5 - 1 给出了用单位工业增加值征收排污费衡量的各地区环境规制强度计算结果。由于本章主要讨论的是环境规制对民营企业环保投资的影响，以及环境规制对政治关联与民营企业环保投资关系的调节效应，分析各地区环境规制的分布特征和时序演化并不是本章的研究重点。因此，这里仅列示各地区环境规制强度数据，不作进一步展开。

表 5 - 1　　　　各地区单位工业增加值征收排污费衡量的
环境规制强度（2008—2015 年）

地区 \ 年份	2008	2009	2010	2011	2012	2013	2014	2015
北京	1.90	1.58	1.12	0.93	0.94	0.89	6.60	6.90
天津	4.68	4.68	3.94	3.62	3.14	2.80	5.09	7.93
河北	14.68	15.92	14.36	12.64	13.31	12.62	11.33	12.97
山西	63.96	58.27	34.21	32.12	21.00	25.08	20.93	21.57
内蒙古	18.33	16.58	14.19	12.93	12.72	12.65	11.12	9.13
辽宁	14.74	15.41	12.99	12.49	11.09	11.29	9.95	7.73
吉林	13.51	12.57	10.31	7.07	6.01	5.70	5.06	4.98
黑龙江	8.04	10.57	9.43	7.80	8.27	9.21	7.27	8.54
上海	5.11	5.02	3.78	3.26	2.67	3.10	2.39	3.33
江苏	13.29	12.12	10.31	9.01	7.97	7.81	6.82	6.11
浙江	9.76	9.37	7.59	6.50	5.62	4.56	5.63	4.80
安徽	12.33	11.65	9.56	6.68	7.09	6.08	6.00	5.72
福建	8.30	7.33	5.53	4.95	3.99	3.56	3.08	3.52
江西	14.80	14.08	11.45	11.78	14.47	13.07	12.53	12.09
山东	7.62	7.68	7.24	6.58	6.48	6.54	5.71	5.24

续表

地区 \ 年份	2008	2009	2010	2011	2012	2013	2014	2015
河南	9.20	8.72	7.09	6.66	6.95	5.98	5.16	4.99
湖北	8.81	7.25	5.50	4.53	4.12	3.85	3.86	4.48
湖南	11.49	10.61	8.42	7.41	6.57	5.70	5.17	4.76
广东	5.11	4.88	4.12	3.74	3.38	3.39	2.94	2.35
广西	8.58	11.27	10.89	5.44	5.11	4.79	3.87	3.57
海南	12.33	12.46	9.16	7.30	6.77	8.19	8.46	9.14
重庆	22.56	14.03	9.71	7.92	7.30	7.35	6.88	7.04
四川	9.24	8.86	7.42	6.38	5.24	6.33	4.63	4.46
贵州	31.08	33.33	29.59	24.30	23.10	20.29	13.89	11.14
云南	13.70	13.50	10.82	10.54	10.55	9.49	8.91	4.91
西藏	23.89	23.20	20.79	24.53	23.29	26.90	19.84	25.90
陕西	13.09	12.79	10.18	8.87	7.98	8.02	7.76	8.02
甘肃	19.27	18.58	13.21	13.67	11.25	10.46	8.69	13.00
青海	9.00	10.91	10.23	7.85	7.55	7.16	7.70	8.35
宁夏	29.22	25.49	18.98	19.44	20.25	17.93	26.64	20.57
新疆	18.15	20.81	14.92	13.28	16.46	21.31	21.21	17.94

资料来源：《中国统计年鉴》与《中国环境年鉴》（2009—2016）。

注：原始数据计算出的单位工业增加值征收排污费数据为精确到万分位后的纯小数，为便于数据展示，本章将全部数据乘以10000。

5.2.2　替代指标衡量的地区环境规制强度

根据李虹等（2016）的研究，实际中的环境规制工作主要由环境立法与环境执法组成，立法规制与执法规制会使政府的环境规制发挥的作用有所不同。所以，可将地区环境规制强度进一步细分为地区环境立法规制与环境执法规制。具体而言，本章采用各地区当年颁布的与环境相关的地方性法规及政府规章衡量地区环境立法规制强度，采用地区当年环境行政处罚数量衡量地区环境执法规制强度。我国 2008—2015 年各地区环境立法规制强度具体如表 5-2 所示。

表 5 - 2　各地区颁布的环保地方性法规与行政规章数量衡量的

环境规制强度（2008—2015）

地区 \ 年份	2008	2009	2010	2011	2012	2013	2014	2015
北京	0	0	1	1	2	0	1	0
天津	0	0	0	0	2	1	1	3
河北	1	2	0	1	1	2	4	1
山西	0	0	1	1	0	1	1	0
内蒙古	2	1	1	1	3	0	0	0
辽宁	0	3	5	4	0	5	3	2
吉林	1	2	4	0	0	0	0	0
黑龙江	1	1	4	1	7	0	0	1
上海	0	0	0	0	1	0	1	0
江苏	2	3	0	2	4	3	1	2
浙江	3	1	4	4	0	1	0	0
安徽	11	0	1	0	3	2	2	2
福建	1	2	2	0	0	0	1	1
江西	2	3	0	0	4	1	3	0
山东	0	1	1	2	1	1	2	1
河南	0	1	2	0	2	2	2	2
湖北	5	0	0	0	1	1	6	1
湖南	0	0	0	0	1	0	0	2
广东	4	8	1	5	5	10	4	2
广西	0	0	0	1	1	0	4	2
海南	8	1	0	0	0	3	2	0
重庆	0	0	1	0	0	0	0	0
四川	2	0	1	0	1	1	1	0
贵州	0	1	3	1	1	1	1	1
云南	4	1	2	0	14	13	0	0
西藏	0	0	2	0	0	2	1	19
陕西	0	3	0	1	1	1	3	3
甘肃	1	0	2	0	0	18	5	5
青海	0	2	1	0	0	1	7	1
宁夏	1	2	1	0	1	0	1	0
新疆	1	1	2	2	0	0	1	1

资料来源：《中国环境年鉴》（2009—2016）。

从表5-2中我们可以发现，各地区的环境立法规制存在较大的差异，并且同一个地区在不同年份的环境立法情况也不尽相同。这可能是因为环境法律法规颁布后会在未来的若干年内持续有效，因此，有些地区在某一年或某几年内集中颁布地方性环保法规及行政规章后，未来几年内出台新的环保法规及行政规章的数量可能就会相对较少。另外，2012年之后，各地区的颁布的地方性环保法规与行政规章数量有较大幅度的提升，这可能是由于自"十二五"规划后，无论是我国政府还是社会公众，都对生态环境给予了高度重视。中央政府出台一系列环保相关法律法规，并将环境保护的精神和决心自上而下传达到各地方政府，地方政府根据中央环保文件制定出符合当地实情的地方性环保法规及行政规章。

环保立法的重要性毋庸置疑，但是环保执法也是保护绿水青山的极其重要的内容，如果不严格执法，环境法律法规就只是一纸空文，只有真正做到有法必依、执法必严，才能打赢环境保护战。我国2008—2015年各地区环境执法规制强度具体如表5-3所示。

表5-3　　　　各地区环境行政处罚案件数衡量的
环境规制强度（2008—2015）

地区＼年份	2008	2009	2010	2011	2012	2013	2014	2015
北京	1783	837	1774	5096	7166	23583	17594	4412
天津	782	378	68	164	194	369	395	992
河北	5365	4146	4110	5904	4742	5809	4838	4323
山西	4323	101	2742	2086	1920	1569	1751	2158
内蒙古	1099	1081	1262	1618	1293	1135	2269	1560
辽宁	14811	8482	33719	15150	13293	9345	3236	5105
吉林	327	775	1224	828	1227	1652	2906	1104
黑龙江	3256	229	656	30844	37942	38434	994	1368
上海	1246	1190	1134	1158	963	2145	2006	2595
江苏	7354	9512	9592	6172	5002	5813	6210	7952
浙江	9795	8012	18424	9936	9743	9979	12054	11553
安徽	764	223	653	690	665	763	870	1166
福建	3158	2573	3051	2714	2413	3770	2862	3413

续表

地区 \ 年份	2008	2009	2010	2011	2012	2013	2014	2015
江西	1577	2010	1847	1930	1717	1553	1603	1360
山东	5623	4999	6144	7022	4858	5943	7896	8396
河南	2364	1718	4128	2114	2048	1949	2819	3509
湖北	972	728	1057	1609	1209	2232	1432	2531
湖南	903	1284	1426	2676	2141	1718	1651	1775
广东	11837	18465	11268	11405	10028	11144	11492	20039
广西	813	689	606	883	753	646	665	1477
海南	37	68	152	235	183	228	473	571
重庆	1367	1485	883	1548	804	1453	1605	2474
四川	6110	1352	1118	1769	1596	1629	1853	2344
贵州	878	699	645	456	994	855	1059	1887
云南	603	537	449	1423	865	1189	924	2177
西藏	13	10	5	3	13	15	39	70
陕西	1430	1438	1349	1442	1277	1749	2369	2566
甘肃	396	331	373	550	331	488	731	1306
青海	45	26	47	68	84	211	186	344
宁夏	291	246	295	102	290	559	583	499
新疆	495	1261	1938	1722	1543	1125	1198	1053

资料来源：《中国环境年鉴》（2009—2016）。

从表 5 - 3 中我们可以发现，我国环境执法比较严格的地区集中在东部沿海地区，这可能是因为当人民富裕起来以后，对生态环境的诉求就更高。如厦门PX 项目事件，尽管 PX 项目投资逾百亿元，但由于项目建设地区距离人口密集区过近，存在较大的环境污染风险，因此遭到厦门市民强烈抵制，直至厦门市政府宣布 PX 项目迁址，该事件充分反映了当地居民对家园生态环境的重视程度。东部沿海地区，往往是我国经济发展较好的地区，当地居民对生态环境的高诉求迫使地方政府加强环境执法规制强度，严惩不遵守环保法律法规的企业或行为。而在中西部地区，经济建设往往成为了地区主要发展目标，地方官员也更加关心其在位时当地的经济增长情况，对环境违法事件则"睁一只眼闭一只眼",因而环境执法规制强度相对较低。

5.2.3 复合指标衡量的地区环境规制强度

在运用复合指标衡量地区环境规制强度时,本章参考王勇和李建民(2015)的研究,基于单位污染物所需治理投入的思想,使用下式计算各地区环境规制强度:

$$ER_{it} = \frac{IPI\_std_{it}}{\sum_{j=1}^{J} IPE\_std_{jit}} \qquad (5-1)$$

其中,ER_{it} 表示第 i 个地区第 t 年的环境规制强度,IPI_std_{it} 表示第 i 个地区第 t 年经过标准化处理过的各地区工业污染治理投资,IPE_std_{jit} 表示第 i 个地区第 t 年经过标准化处理过的第 j 种污染物排放量,标准化方式采取各地区变量占全国总量的比重。关于污染物排放量,本章选取了四种主要的污染排放物——工业废水、工业二氧化硫、工业烟(粉)尘和固体废物。相关数据全部采自2009—2016 年的《中国环境统计年鉴》。运用复合指标法计算的各地区环境规制强度如表5 -4 所示。

表5 -4　各地区复合指标衡量的环境规制强度(2008—2015 年)

地区 \ 年份	2008	2009	2010	2011	2012	2013	2014	2015
北京	0.9382	0.4744	0.3123	0.1904	0.4824	0.3784	0.6609	1.4132
天津	0.9610	1.3010	1.2220	1.1119	0.8050	0.5548	0.6607	1.0290
河北	0.1317	0.1063	0.0920	0.1490	0.1307	0.1653	0.2611	0.2343
山西	0.4118	0.3935	0.2970	0.2435	0.2442	0.2462	0.1213	0.1371
内蒙古	0.2278	0.2289	0.1618	0.3372	0.1734	0.3460	0.3638	0.2568
辽宁	0.1655	0.2014	0.1859	0.1123	0.1019	0.1432	0.1525	0.0928
吉林	0.2305	0.2250	0.2067	0.1724	0.1588	0.1435	0.2067	0.1893
黑龙江	0.1752	0.2260	0.1314	0.2354	0.0713	0.2207	0.1878	0.2793
上海	0.3933	0.3390	0.5564	0.3302	0.5274	0.1381	0.3939	0.6081
江苏	0.2989	0.2483	0.1895	0.2980	0.3445	0.2983	0.2089	0.3392
浙江	0.1637	0.2507	0.1725	0.2636	0.3838	0.4437	0.4721	0.5171

续表

地区 \ 年份	2008	2009	2010	2011	2012	2013	2014	2015
安徽	0.1522	0.1670	0.1057	0.1636	0.2026	0.3752	0.1296	0.1639
福建	0.2255	0.2161	0.3017	0.2510	0.4217	0.3797	0.3936	0.5393
江西	0.0693	0.0659	0.1230	0.1175	0.0633	0.1409	0.0998	0.1359
山东	0.5879	0.4329	0.4165	0.5055	0.4955	0.3599	0.4812	0.4000
河南	0.1914	0.1416	0.1316	0.2202	0.1377	0.2282	0.2531	0.1914
湖北	0.2347	0.4981	0.5615	0.1656	0.2470	0.2399	0.2133	0.1632
湖南	0.1606	0.1700	0.2184	0.1652	0.2791	0.2090	0.1395	0.2662
广东	0.3590	0.2720	0.4158	0.2335	0.3333	0.2250	0.2217	0.2734
广西	0.1313	0.1276	0.1186	0.1691	0.1370	0.1857	0.1619	0.3056
海南	0.1151	0.1218	0.1791	0.9109	1.3205	0.5402	0.6559	0.2105
重庆	0.1952	0.1763	0.2495	0.1663	0.1156	0.1318	0.0736	0.1109
四川	0.2083	0.1311	0.1042	0.2537	0.1588	0.1563	0.1599	0.1061
贵州	0.2079	0.2222	0.1894	0.2952	0.2416	0.2204	0.1806	0.1482
云南	0.1919	0.2170	0.2884	0.2238	0.2908	0.2044	0.2033	0.2306
西藏	0.1233	0.2073	0.4888	0.2345	0.2475	0.7830	0.5152	0.1570
陕西	0.1605	0.4028	0.7330	0.4564	0.4688	0.3983	0.2799	0.2945
甘肃	0.3826	0.4830	0.5862	0.3294	0.6087	0.3027	0.2394	0.0707
青海	0.0846	0.2626	0.0813	0.1075	0.0715	0.0561	0.1224	0.0888
宁夏	0.4020	0.2398	0.1922	0.1558	0.2553	0.3346	0.5177	0.2531
新疆	0.2214	0.3967	0.1946	0.2349	0.1188	0.1741	0.2487	0.1795

数据来源：《中国环境统计年鉴》（2009—2016）。

由表 5 - 4 可知，基于复合指标法测算得到的地区环境规制强度明显呈现出东部地区遥遥领先的特征。通过 2008—2015 年各区域环境规制强度均值可以发现，东部地区 0.4343 的环境规制强度远远高于中部地区的 0.2041、西部地区的 0.2441 和东北地区的 0.1756。这与单一指标法衡量的地区环境规制强度存在一定差异，主要原因在于复合指标体系测算时权重的选择至关重要，不同权重计算出的环境规制强度可能存在很大的差异。本章采取的是均值赋权的测算方法。

5.3　实证研究设计与结果分析

5.3.1　模型设定

为了对本章第一节做出的研究假设进行实证检验，本节设定如下三个基本方程：

$$envst\_std = \alpha + \beta er + \gamma controls + \varepsilon \tag{5-2}$$

$$envst\_std = \alpha + \beta_1 political + \beta_2 er + \gamma controls + \varepsilon \tag{5-3}$$

$$envst\_std = \alpha + \beta_1 political + \beta_2 er + \beta_1 political \times er + \gamma controls + \varepsilon \tag{5-4}$$

其中，$envst\_std$ 表示经过标准化处理的企业环保投资，在实证回归过程中包含三个具体变量——标准化的企业环保投资总额（$total\_envst\_std$）、标准化的企业资本化环保投资（cap_envst_std）和标准化的企业费用化环保投资（exp_envst_std），标准化方式为除以企业总资产。er 表示环境规制变量，本节实证回归采用复合指标法计算的环境规制强度，即各地区工业污染治理投资与污染物排放量的比值。$political$ 表示民营企业的政治关联，在实证回归过程中也包含三个具体变量——总体政治关联（pr）、中央政治关联（cpr）和地方政治关联（lpr）。$political \times er$ 反映环境规制对民营企业政治关联与环保投资关系的调节效应，在方程（5-4）中，环境规制强度（er）充当调节变量，而在方程（5-3）中，er 相当于一个控制变量。$controls$ 表示各个方程在实证回归时需要控制的其他变量，本节选取的控制变量包括企业规模（$size$）、企业年龄（age）、地区经济发展水平（$econ$）、地区环保支出（$egov$）、年度效应（$year\_sn$）和行业效应（cic_sn）。其中，企业规模用企业营业总收入的对数表示，企业年龄为企业的上市年龄，地区经济发展水平采用人均 GDP 的对数表示、地区环保支出用政府环境保护支出的对数表示。具体变量定义说明如表 5-5 所示。企业层面的控制变量数据来自各上市公司年报，地区层面的控制变量数据来自各地区统计年鉴。

表 5 - 5   变量定义说明

变量类别	变量符号	变量说明
企业环保投资变量	*total_envst_std*	企业环保投资总额，总资产标准化
	cap_envst_std	企业资本化的环保投资，总资产标准化
	exp_envst_std	企业费用化的环保投资，总资产标准化
企业政治关联变量	*pr*	政治关联，等于 1 表示有政治关联，等于 0 表示无政治关联
	cpr	中央政治关联，等于 1 表示有中央政治关联，等于 0 表示无中央政治关联
	lpr	地方政治关联，等于 1 表示有地方政治关联，等于 0 表示无地方政治关联
环境规制强度变量	*er*	各地区工业污染治理投资与污染物排放量的比值
控制变量	*size*	企业规模，等于对企业营业总收入取自然对数
	age	企业上市年龄
	econ	地区经济发展水，等于对各地区人均 GDP 取自然对数
	egov	地区环保支出，等于对政府环境保护支出取自然对数
	year_sn	年度效应
	cic_sn	行业效应

5.3.2 环境规制与民营企业环保投资

表 5 - 6 报告了环境规制对民营企业环保投资影响的回归结果，列（1）至列（3）分别显示了地区环境规制强度对民营企业环保投资总额、资本化环保投资和费用化环保投资的影响。从环境规制强度变量（*er*）的系数估计结果可以看出，环境规制强度与民营企业环保投资总额、资本化的环保投资和费用化的环保投资均呈显著正相关关系，从而证实了本章的假设 1。具体来看，环境规制强度每提高一单位，民营企业环保投资总额和资本化的环保投资将分别增加 0.0002 个和 0.0003 个标准化单位，民营企业费用化的环保投资规模虽然也会增加，但相比而言增幅很小，标准化后的增幅几乎接近于零。

表 5-6   地区环境规制与民营企业环保投资

	(1) *total_envst_std*	(2) *cap_envst_std*	(3) *exp_envst_std*
er	0.0002 *** (3.0036)	0.0003 *** (2.9312)	0.0000 ** (2.2580)
size	0.0022 *** (8.5460)	0.0035 *** (8.1547)	0.0003 *** (4.2453)
age	0.0001 (1.5644)	0.0001 (0.6295)	0.0000 ** (2.3016)
econ	− 0.0005 (− 0.6695)	0.0021 (1.5842)	− 0.0009 *** (− 4.0202)
egov	0.0004 (0.7440)	0.0001 (0.0651)	0.0004 *** (2.6450)
year_sn	− 0.0002 (− 1.1372)	− 0.0005 ** (− 1.9867)	0.0001 (1.1178)
cic_sn	− 0.0002 *** (− 2.9727)	− 0.0004 *** (− 2.9627)	− 0.0001 *** (− 2.8773)
_cons	− 0.0500 *** (− 4.8169)	− 0.1062 *** (− 6.1099)	− 0.0050 * (− 1.6965)
sigma_cons	0.0117 *** (40.4334)	0.0166 *** (29.1389)	0.0030 *** (31.1769)
N	2827	2827	2827
p	0.0000	0.0000	0.0000

注: 括号内为 *t* 检验值, *** 、 ** 、 * 分别表示回归系数在 1%、5% 和 10% 的统计水平上显著。

5.3.3   特定环境规制条件下的政治关联与民营企业环保投资

表5-7列 (1)、列 (3) 和列 (5) 报告了考虑环境规制时民营企业政治关联对其环保投资规模影响的回归结果。为便于比较分析, 表5-7 同时在列 (2)、列 (4) 和列 (6) 给出了不考虑环境规制时民营企业政治关联对其环保投资规模的影响。与第三章实证结果基本类似, 考虑环境规制后, 民营企业的政治关联总体上仍然能够促进企业环保投资总额和费用化环保投资增加, 但资

本化环保投资受到的影响仍不显著。这表明，在环境规制强度一定的条件下，民营企业的政治关联使得企业更愿意在环保管理方面增加投资，做一些表面性质的环境保护工作，比如强化企业园区绿化或厂房的清洁环保力度，却并不愿意通过引进节能环保设备或技术而增加具有实质性的环保投资。

但是，相比无环境规制，政府在施加一定的环境规制强度后，政治关联对企业环保投资的促进作用还是显著的。例如，在没有环境规制约束时，具有政治关联的民营企业环保投资总额将增加 0.0017 个标准化单位；当环境规制发挥作用时，虽然具有政治关联的民营企业环保投资总额在绝对量上仍然增加了 0.0017 个标准化单位，但显著性程度略有增加。另外，受环境规制约束，具有政治关联的民营企业在费用化环保投资方面的增幅更大，从无环境规制约束时 0.0024 个标准化单位的增量变化为 0.0026 个标准化单位的增量，并且显著性也更高。由此可以说明，在特定的环境规制条件下，由于规制强化了政府对企业环保的要求，具有政治关联的企业为了继续维持与政府的关系，必然会配合政府的环境规制要求，从而在环保投资规模上有更进一步的增长，这支持了本章提出的假设 2a。

对此需要说明一点，即使受到一定强度的环境规制约束，具有政治关联的民营企业仍然可能凭借其与政府之间的特殊关系，与政府达成某种默契，只是将主要的环境投资增量用在了表面的费用化投资方面，而没有在实质上促进环保投资的增长，这也是环保投资总额增量与无环境规制时增量基本持平的原因所在。

表 5-7　　特定环境规制条件下的民营企业总体政治关联与企业环保投资

	total_envst_std		cap_envst_std		exp_envst_std	
	(1)	(2)	(3)	(4)	(5)	(6)
pr	0.0017** (2.1876)	0.0017** (2.1251)	0.0002 (0.9399)	0.0002 (0.9175)	0.0026* (1.9192)	0.0024* (1.8134)
er	0.0002*** (3.0496)		0.0003*** (3.0016)		0.0000** (2.2673)	
size	0.0022*** (8.4920)	0.0022*** (8.5440)	0.0035*** (8.1216)	0.0035*** (8.2057)	0.0003*** (4.2220)	0.0003*** (4.2623)
age	0.0001* (1.7116)	0.0001* (1.6506)	0.0001 (0.7502)	0.0001 (0.6526)	0.0000** (2.3615)	0.0000** (2.3177)

续表

	total_envst_std		cap_envst_std		exp_envst_std	
	(1)	(2)	(3)	(4)	(5)	(6)
econ	−0.0005 (−0.6001)	−0.0013* (−1.8442)	0.0022* (1.6544)	0.0007 (0.5907)	−0.0009*** (−3.9960)	−0.0011*** (−5.0439)
egov	0.0005 (0.9066)	0.0003 (0.5375)	0.0002 (0.2162)	−0.0001 (−0.1003)	0.0004*** (2.7003)	0.0004** (2.4155)
year_sn	−0.0002 (−1.0842)	−0.0002 (−1.1423)	−0.0005* (−1.9462)	−0.0005** (−2.0219)	0.0001 (1.1444)	0.0001 (1.0972)
cic_sn	−0.0002*** (−2.9204)	−0.0002*** (−2.9028)	−0.0004*** (−2.9086)	−0.0004*** (−2.9097)	−0.0001*** (−2.8589)	−0.0001*** (−2.8260)
_cons	−0.0532*** (−5.0693)	−0.0411*** (−4.2345)	−0.1113*** (−6.3102)	−0.0921*** (−5.6400)	−0.0053* (−1.8027)	−0.0028 (−1.0255)
sigma_cons	0.0117*** (40.4259)	0.0117*** (40.4137)	0.0166*** (29.1307)	0.0166*** (29.1295)	0.0030*** (31.1788)	0.0030*** (31.1683)
N	2827	2827	2827	2827	2827	2827
p	0.0000	0.0000	0.0000	0.0000	0.0000	0.0000

注：括号内为 t 检验值，***、**、*分别表示回归系数在1%、5%和10%的统计水平上显著。

表5-8中，列（1）、列（3）和列（5）分别报告了环境规制条件下民营企业的中央政治关联对其环保投资规模影响的回归结果。同样，为便于比较分析，表5-8在列（2）、列（4）和列（6）中分别给出了不考虑环境规制时，民营企业中央政治关联对其环保投资规模的影响。在模型中纳入环境规制变量之后，民营企业的中央政治关联与其环保投资总额、资本化的环保投资和费用化的环保投资均呈显著正相关关系，这与第3章不考虑环境规制约束时中央政治关联对民营企业环保投资规模的影响方向完全一致。

从列（1）、列（3）、列（5）与列（2）、列（4）、列（6）的比较来看，当政府施加了一定的环境规制强度之后，具有中央政治关联的民营企业环保投资规模将比无环境规制约束时具有更大幅度的增长。企业环保投资总额增量从0.0017个标准化单位增加到0.0018个标准化单位，资本化的环保投资增量从0.0016个标准化单位增加到0.0017个标准化单位，费用化的环保投资增量基本保持不变，但显著性程度有所提高。这表明，环境规制约束条件下，民营企业的中央政治关联确实能够进一步促使其环保投资规模的增加，假设 2b 得到证实。而且，与总体政治关联不同的是，具有中央政治关联的民营企业对政府环境规制政策的理解更深，也更愿意协助政府真正做好环境治理和保护工作，因此，它们更多地是从引进节能环保设备、采用新能源新技术等方式增加环保投资，这也使其资本化环保投资规模的增加幅度更大。

表 5 − 8　　特定环境规制条件下的民营企业中央政治关联与企业环保投资

	total_envst_std		cap_envst_std		exp_envst_std	
	（1）	（2）	（3）	（4）	（5）	（6）
cpr	0.0018 *** （3.1945）	0.0017 *** （3.0381）	0.0017 * （1.8443）	0.0016 * （1.7098）	0.0007 *** （4.2609）	0.0007 *** （4.1548）
er	0.0002 *** （3.1653）		0.0003 *** （3.0139）		0.0000 ** （2.4552）	
size	0.0021 *** （8.2431）	0.0021 *** （8.3086）	0.0034 *** （8.0056）	0.0035 *** （8.0970）	0.0003 *** （3.8331）	0.0003 *** （3.8851）
age	0.0001 ** （2.1448）	0.0001 ** （2.0572）	0.0001 （0.9171）	0.0001 （0.8065）	0.0000 *** （3.1378）	0.0000 *** （3.0696）
econ	− 0.0005 （− 0.6103）	− 0.0014 * （− 1.9004）	0.0021 （1.5976）	0.0006 （0.5282）	− 0.0009 *** （− 3.9542）	− 0.0011 *** （− 5.0702）
egov	0.0005 （0.9548）	0.0003 （0.5670）	0.0002 （0.1915）	− 0.0001 （− 0.1239）	0.0005 *** （2.9011）	0.0004 *** （2.5917）
year_sn	− 0.0001 （− 0.9048）	− 0.0002 （− 0.9766）	− 0.0005 * （− 1.8318）	− 0.0005 * （− 1.9210）	0.0001 （1.4288）	0.0001 （1.3696）
cic_sn	− 0.0002 *** （− 2.8525）	− 0.0002 *** （− 2.8395）	− 0.0004 *** （− 2.8939）	− 0.0004 *** （− 2.8973）	− 0.0001 *** （− 2.7604）	− 0.0001 *** （− 2.7310）
_cons	− 0.0522 *** （− 5.0179）	− 0.0396 *** （− 4.1256）	− 0.1084 *** （− 6.2127）	− 0.0893 *** （− 5.5263）	− 0.0057 * （− 1.9470）	− 0.0030 （− 1.0968）
sigma_cons	0.0117 *** （40.4365）	0.0117 *** （40.4234）	0.0166 *** （29.1346）	0.0166 *** （29.1329）	0.0030 *** （31.2221）	0.0030 *** （31.2093）
N	2827	2827	2827	2827	2827	2827
p	0.0000	0.0000	0.0000	0.0000	0.0000	0.0000

注：括号内为 t 检验值，***、**、* 分别表示回归系数在 1%、5% 和 10% 的统计水平上显著。

表 5 - 9 中，列（1）、列（3）和列（5）分别报告了环境规制条件下民营企业的地方政治关联对其环保投资规模影响的回归结果，同时，列（2）、列（4）和列（6）分别给出了不考虑环境规制时民营企业地方政治关联对其环保投资规模的影响，以便于比较分析。可以看出，考虑环境规制后，民营企业的地方政治关联仅对其费用化的环保投资具有显著影响，并且是负向影响；地方政治关联与民营企业环保投资总额和资本化环保投资的回归参数为负且不显著。这与第 3 章地方政治关联与民营企业环保投资关系的结论略有不同。也就是说，此时民营企业的地方政治关联会使其减少环保投资，并且主要从费用化的环保投资削减着手。特别是在环境规制约束下，具有地方政治关联的民营企业会加速削减费用化的环保投资。究其原因，当政府施加一定的环境规制时，民营企业面临的生产成本更高，为了能够实现利润最大化，企业必然想方设法降低投资成本。对于具有地方政治关联的民营企业来说，它们本就与地方政府存在密切的联系，此时利用这层关系开展寻租，从而降低费用化的环保投资；另一方面，地方政府虽然实施了一定的环境规制，但其首要考虑的往往是经济发展和政绩考核，因此，对于具有地方政治关联的民营企业在环保投资方面一般也是睁一只眼闭一只眼。以上两方面的原因都促使具有地方政治关联的民营企业在面临环境规制约束时选择减少环保投资规模，并且削减用于管理方面的费用化环保投资也更加容易。由此，本章的假设 2c 得到证实。

表 5 - 9　　特定环境规制条件下的民营企业地方政治关联与企业环保投资

	total_envst_std		cap_envst_std		exp_envst_std	
	(1)	(2)	(3)	(4)	(5)	(6)
lpr	− 0. 0008 （− 1. 4606）	− 0. 0009 （− 1. 5890）	− 0. 0002 （− 0. 2608）	− 0. 0004 （− 0. 4196）	− 0. 0004 *** （− 2. 5955）	− 0. 0004 *** （− 2. 7046）
er	0. 0002 *** （2. 9367）		0. 0003 *** （2. 9118）		0. 0000 ** （2. 1220）	
size	0. 0022 *** （8. 4971）	0. 0022 *** （8. 5404）	0. 0035 *** （8. 1410）	0. 0035 *** （8. 2153）	0. 0003 *** （4. 1403）	0. 0003 *** （4. 1720）
age	0. 0001 （1. 5749）	0. 0001 （1. 5216）	0. 0001 （0. 6238）	0. 0000 （0. 5330）	0. 0000 ** （2. 3670）	0. 0000 ** （2. 3307）

续表

	total_envst_std		cap_envst_std		exp_envst_std	
	(1)	(2)	(3)	(4)	(5)	(6)
econ	-0.0006 (-0.7297)	-0.0014 * (-1.9426)	0.0021 (1.5682)	0.0006 (0.5304)	-0.0009 *** (-4.1187)	-0.0011 *** (-5.1293)
egov	0.0004 (0.6460)	0.0002 (0.2842)	0.0000 (0.0475)	-0.0002 (-0.2622)	0.0004 ** (2.4686)	0.0003 ** (2.1975)
year_sn	-0.0002 (-1.0296)	-0.0002 (-1.0774)	-0.0005 * (-1.9585)	-0.0005 ** (-2.0207)	0.0001 (1.2985)	0.0001 (1.2586)
cic_sn	-0.0002 *** (-2.9302)	-0.0002 *** (-2.9060)	-0.0004 *** (-2.9589)	-0.0004 *** (-2.9519)	-0.0001 *** (-2.7841)	-0.0001 *** (-2.7479)
_cons	-0.0482 *** (-4.6156)	-0.0364 *** (-3.7826)	-0.1056 *** (-6.0268)	-0.0870 *** (-5.3632)	-0.0040 (-1.3660)	-0.0016 (-0.6024)
sigma_cons	0.0117 *** (40.4385)	0.0117 *** (40.4273)	0.0166 *** (29.1355)	0.0166 *** (29.1341)	0.0030 *** (31.1816)	0.0030 *** (31.1720)
N	2827	2827	2827	2827	2827	2827
p	0.0000	0.0000	0.0000	0.0000	0.0000	0.0000

注：括号内为 t 检验值，***、**、* 分别表示回归系数在 1%、5% 和 10% 的统计水平上显著。

5.3.4　环境规制对政治关联与民营企业环保投资关系的调节效应

表 5 - 10 报告了环境规制对民营企业总体政治关联与环保投资关系的调节效应。可以看出，当在模型中加入环境规制对民营企业总体政治关联与环保投资的调节变量（$pr \times er$）之后，政治关联本身和环境规制对民营企业环保投资的影响与前文分析保持一致。民营企业的总体政治关联在环境规制的调节下，仍然对企业环保投资总额和费用化的环保投资具有显著促进作用，不过相应调节效应的符号显著为负，表明受环境规制的影响，虽然民营企业总体政治关联会使企业环保投资规模扩大，但在实际过程中具有先上升后下降的特点。这就意味

着，在调节民营企业总体政治关联与环保投资关系时，存在一个环境规制强度的临界值。根据式 $E = -b/d$，可以求出该临界值，进而得到在临界值两侧环境规制对民营企业总体政治关联与环保投资关系的调节效应大小。

对于民营企业总体政治关联与其环保投资总额，计算得到环境规制强度的临界值为 $er^* = 4.50$（$= 0.0018 \div 0.0004$），相应的调节效应绝对值为 $|0.0018 - 0.0004| = 0.0014$。这意味着，当地区环境规制强度小于 4.50 时，环境规制强度每提高一单位，民营企业的总体政治关联可以进一步促使企业环保投资总额增加 0.0014 个标准化单位；当地区环境规制强度大于 4.50 时，环境规制强度每提高一单位，民营企业的总体政治关联则会导致企业环保投资总额减少 0.0014 个标准化单位。

对于民营企业总体政治关联与其费用化环保投资，计算得到环境规制强度的临界值 $er^* = 3.50$（$= 0.0028 \div 0.0008$），相应的调节效应绝对值为 $|0.0028 - 0.0008| = 0.0020$。这意味着，当地区环境规制强度小于 3.50 时，环境规制强度每提高一单位，民营企业的总体政治关联可以进一步促使企业费用化的环保投资增加 0.0020 个标准化单位；当地区环境规制强度大于 3.50 时，环境规制强度每提高一单位，民营企业的总体政治关联则会导致企业费用化的环保投资减少 0.0020 个标准化单位。

根据调节变量的符号和由此得到的环境规制强度临界值，可以证明地区环境规制对民营企业总体政治关联与环保投资规模之间关系的调节效应呈倒"U"形分布特征，这有力支撑了本章假设 3 的理论判断。环境规制对民营企业总体政治关联与其环保投资总额和费用化环保投资关系调节效应的大小存在不同，也有一定的现实根据。当环境规制强度较小时，企业面临的成本压力相对较小，具有政治关联的民营企业为了维持与政府的良好关系，一般情况下会选择适当配合政府的相应环境规制举措，增加一定环保投资，而从环保管理费用方面增加投资最容易实现，对企业造成的成本冲击也较小，因此此时费用化环保投资的增量较大。当环境规制强度很高时，企业将面临很大的成本压力，这会对企业能否实现利润最大化产生严重影响，出于逐利动机的考虑，具有政治关联的民营企业就会利用与政府的这层关系进行寻租，设法降低环保投资造成的成本上升，削减费用化的环保投资也是最容易的，因此此时企业费用化的环保投资下降幅度更大。

表 5 - 10　　　环境规制对民营企业总体政治关联与环保投资
关系的调节效应

	（1） total_envst_std	（2） cap_envst_std	（3） exp_envst_std
pr	0.0018 ** (2.1957)	0.0002 (0.9335)	0.0028 ** (2.0818)
er	0.0006 *** (3.4567)	0.0010 *** (3.7777)	0.0001 * (1.9544)
pr × er	− 0.0004 ** (− 2.5285)	− 0.0001 (− 1.2435)	− 0.0008 *** (− 2.8801)
size	0.0022 *** (8.4446)	0.0035 *** (8.1037)	0.0003 *** (4.1933)
age	0.0001 (1.6417)	0.0001 (0.6601)	0.0000 ** (2.3249)
econ	− 0.0005 (− 0.6361)	0.0021 (1.5993)	− 0.0009 *** (− 3.9999)
egov	0.0005 (0.8937)	0.0002 (0.2226)	0.0004 *** (2.7024)
year_sn	− 0.0001 (− 0.8439)	− 0.0004 * (− 1.6948)	0.0001 (1.2605)
cic_sn	− 0.0002 *** (− 2.9142)	− 0.0004 *** (− 2.8759)	− 0.0001 *** (− 2.8575)
_cons	− 0.0526 *** (− 5.0239)	− 0.1108 *** (− 6.2929)	− 0.0053 * (− 1.7941)
sigma_cons	0.0117 *** (40.4408)	0.0166 *** (29.1504)	0.0030 *** (31.1829)
N	2827	2827	2827
p	0.0000	0.0000	0.0000

注：括号内为 t 检验值，***、**、* 分别表示回归系数在 1%、5% 和 10% 的统计水平上显著。

　　表 5 - 11 和表 5 - 12 分别报告了环境规制对民营企业中央政治关联、地方政治关联与其环保投资关系的调节效应。加入环境规制的调节效应后，中央政治关联仍然与民营企业环保投资总额、资本化的环保投资和费用化的环保投资呈显著正相关关系，地方政治关联只与民营企业费用化的环保投资具有显著负相关关系，这与前文研究结论一致。

　　从环境规制的调节效应来看，环境规制对民营企业中央政治关联与其环保投资之间关系的调节效应仅在环保投资总额方面显著，出现这种结果的原因可能在于样本企业并不是所有的企业都有资本化的环保投资和费用化的环保投资，可能二者只有其一或者都没有。从调节效应的系数来看，环境规制对民营企业中央政治关联与其环保投资关系的影响仍然显著为负，倒 "U" 形的理论假设进一步得到支持。计算此时的环境规制强度临界值 $er^* = 9.50$（ $= 0.0019 \div 0.0002$ ），相应的调节效应绝对值为 $|0.0019 - 0.0002| = 0.0017$ 。也就是说，当环境规制强度低于 9.50 时，环境规制强度每提高一单位，民营企业的中央政治关联都会使企业环保投资总额进一步增加 0.0017 个标准化单位；当环境规制强度高于 9.50 时，环境规制强度每提高一单位，民营企业的中央政治关联则导致企业环保投资总额减少 0.0017 个标准化单位。对此需要解释一点，环境规制强度 9.50 的临界值是一个非常高的水平。对于具有中央政治关联的民营企业来说，只有在环境规制强度突破如此高水平的情况下，才会选择利用政治关联对政府开展寻租，降低环保投资造成的成本上升。在一般情况下，中央政治关联的民营企业仍然对政府的环境规制政策报以支持和响应的态度，所以在较低水平和相对高水平的环境规制强度下依然选择了增加环保投资规模。

　　另一方面，环境规制对民营企业地方政治关联与其环保投资之间关系的调节效应仅体现在费用化的环保投资方面，这也和前文民营企业地方政治关联仅与其费用化环保投资显著相关的结论相对应。调节效应系数显著为负，同样支持了环境规制对民营企业地方政治关联与其环保投资关系调节效应呈倒 "U" 形分布的理论假设。具体来看，受环境规制的影响，具有地方政治关联的民营企业将在原有基础上进一步削减 0.0001 个标准化单位的费用化环保投资。这是因为，地方政治关联的民营企业原本就凭借与地方政府之间的密切关系，与地方政府在环境治理和保护方面达成了默契，可以削减一定的费用化环保投资；当面临环境规制的进一步约束时，其成本压力上升，为了利益不得不进一步减少环保投资规模。

表 5 – 11　　环境规制对民营企业中央政治关联与环保投资
关系的调节效应

	(1) total_envst_std	(2) cap_envst_std	(3) exp_envst_std
cpr	0.0019 *** (3.3238)	0.0018 * (1.9261)	0.0007 *** (4.3469)
er	0.0003 *** (3.5593)	0.0005 *** (2.7965)	0.0001 ** (2.4907)
cpr × er	− 0.0002 ** (− 2.0345)	− 0.0002 (− 1.2162)	− 0.0000 (− 1.2810)
size	0.0021 *** (8.1705)	0.0034 *** (7.9810)	0.0003 *** (3.7850)
age	0.0001 ** (2.1196)	0.0001 (0.8920)	0.0000 *** (3.1366)
econ	− 0.0005 (− 0.5930)	0.0021 (1.5957)	− 0.0009 *** (− 3.9264)
egov	0.0006 (1.1801)	0.0003 (0.3297)	0.0005 *** (3.0305)
year_sn	− 0.0001 (− 0.8937)	− 0.0005 * (− 1.8189)	0.0001 (1.4328)
cic_sn	− 0.0002 *** (− 2.8931)	− 0.0004 *** (− 2.9024)	− 0.0001 *** (− 2.7892)
_cons	− 0.0537 *** (− 5.1493)	− 0.1099 *** (− 6.2793)	− 0.0060 ** (− 2.0537)
sigma_cons	0.0117 *** (40.4410)	0.0166 *** (29.1383)	0.0030 *** (31.2149)
N	2827	2827	2827
p	0.0000	0.0000	0.0000

　　注：括号内为 t 检验值，***、**、* 分别表示回归系数在 1%、5% 和 10% 的统计水平上显著。

表 5 - 12　　环境规制对民营企业地方政治关联与环保投资关系的调节效应

	(1) total_envst_std	(2) cap_envst_std	(3) exp_envst_std
lpr	- 0. 0008 (- 1. 4638)	- 0. 0002 (- 0. 2576)	- 0. 0004 ** (- 2. 5241)
er	0. 0002 ** (2. 3820)	0. 0003 ** (2. 5129)	0. 0001 *** (2. 6969)
lpr × er	0. 0000 (0. 1164)	- 0. 0000 (- 0. 0895)	- 0. 0001 * (- 1. 6635)
size	0. 0022 *** (8. 4973)	0. 0035 *** (8. 1364)	0. 0003 *** (4. 1190)
age	0. 0001 (1. 5771)	0. 0001 (0. 6205)	0. 0000 ** (2. 3302)
econ	- 0. 0006 (- 0. 7189)	0. 0020 (1. 5543)	- 0. 0010 *** (- 4. 2275)
egov	0. 0004 (0. 6536)	0. 0000 (0. 0387)	0. 0004 ** (2. 3175)
year_sn	- 0. 0002 (- 1. 0357)	- 0. 0005 * (- 1. 9431)	0. 0001 (1. 4278)
cic_sn	- 0. 0002 *** (- 2. 9250)	- 0. 0004 *** (- 2. 9598)	- 0. 0001 *** (- 2. 8326)
_cons	- 0. 0483 *** (- 4. 5914)	- 0. 1054 *** (- 5. 9491)	- 0. 0034 (- 1. 1501)
sigma_cons	0. 0117 *** (40. 4384)	0. 0166 *** (29. 1339)	0. 0030 *** (31. 1831)
N	2827	2827	2827
p	0. 0000	0. 0000	0. 0000

注：括号内为 t 检验值，***、**、* 分别表示回归系数在 1%、5% 和 10% 的统计水平上显著。

5.3.5   稳健性检验

本章拟采取以下三种方式对实证结果的稳健性进行检验[①]。

首先，修改民营企业环保投资的标准化方法，对企业环保投资总额、资本化的环保投资和费用化的环保投资分别取对数，重新运用 Tobit 方法对前文三个假设进行检验，详细检验结果见附录表 B-1 至表 B-5。被解释变量采用对数标准化方式处理后，环境规制强度仍与民营企业环保投资显著正相关；在特定环境规制条件下，民营企业的总体政治关联仍然与其环保投资总额和费用化环保投资显著正相关，中央政治关联与企业环保投资总额、资本化的环保投资和费用化的环保投资均呈显著正相关，地方政治关联与企业费用化的环保投资显著负相关；环境规制对民营企业总体政治关联、中央政治关联与其环保投资规模关系的调节效应系数仍显著为负，倒“U”形的调节效应分布特征依然存在，但是环境规制对民营企业地方政治关联与其环保投资之间关系的调节效应不再显著。修改被解释变量标准化方法之后，尽管环境规制对民营企业地方政治关联与环保投资规模关系的调节效应发生了变化，但主要实证结论并没有发生根本性的改变，表明本章实证分析具有稳健性。

其次，改变企业政治关联的界定方式，考虑到企业董事长在企业管理和决策中的重要作用，将企业政治关联界定为董事长政治关联，然后检验环境规制对董事长政治关联与民营企业环保投资关系的调节作用。详细检验结果见附录表 B-6 至表 B-11。实证结果显示：民营企业董事长政治关联仍然与其环保投资总额及费用化环保投资呈显著正相关关系，且在特定的环境规制条件下，民营企业董事长政治关联进一步促进了企业环保投资规模的增长。董事长的中央政治关联与企业环保投资总额和费用化的环保投资呈显著正相关关系，但董事长的地方政治关联仅与费用化的环保投资呈显著正相关，与环保投资总额无显著相关关系，与资本化的环保投资甚至出现了显著的负相关关系；环境规制对董事长政治关联与民营企业环保投资规模关系的调节效应仍然显著为负，倒“U”形的调节效应分布特征依然存在，与前文实证分析基本保持一致。

最后，更换政治关联的衡量方式，对企业高管的政治背景采取得分赋值的

[①]   正文不再罗列稳健性检验结果，详细内容参考附录 B。

方式进行衡量。具体如下：企业高管如果具有中央政治关联，得分赋值为 4 或 5，其中，在党中央相关部门或国务院相关部门任职的，得分为 5；担任全国人大代表或全国政协委员，得分为 4。企业高管如果具有地方政治关联，得分赋值为 1、2、3，其中，政治层级为省部级的，得分为 3；政治层级为厅局级的，得分为 2；政治层级为县处级及以下的，得分为 1。对每个企业高管的政治背景得分计算平均值，得到企业政治关联的替代指标数据，利用该数据重新对前文三个假设进行检验。检验结果与前文实证分析结论基本保持一致（见附录表 B–12 至表 B–16），略有差异的是，在特定的环境规制条件下，民营企业总体政治关联除了与其环保投资总额和费用化的环保投资显著正相关外，与资本化的环保投资也具有比较显著的正相关关系，但是环境规制对民营企业地方政治关联与其费用化环保投资关系的调节效应不再显著。总体来看，使用高管政治背景得分赋值的方法衡量企业政治关联，并不会改变前文实证分析的主要结论。

5.4 本章小结

本章基于企业层面的环保投资和高管政治关联数据，以及地区层面的环境规制强度，运用 Tobit 模型实证检验了地区环境规制与民营企业环保投资之间的关系，也检验了特定环境规制强度下民营企业政治关联对其环保投资的影响，以及环境规制对民营企业政治关联与环保投资关系的调节效应，并通过指标替换的方式对实证结果进行稳健性检验，主要得出以下结论：

（1）环境规制强度与民营企业环保投资呈正相关关系。随着地区环境规制强度的提升，民营企业环保投资总额、资本化环保投资和费用化环保投资均出现不同幅度的增长，环境规制对民营企业环保投资具有显著的促进作用。

（2）在特定的环境规制条件下，具有政治关联的民营企业会进一步增加环保投资。实证检验结果显示，当受到一定的环境规制约束后，民营企业的总体政治关联可以使其环保投资总额与费用化环保投资在原有增长基础上进一步增加，中央政治关联可以使企业环保投资总额、资本化环保投资与费用化环保投资均进一步增加，而地方政治关联在特定环境规制约束下只与企业费用化的环保投资显著相关且会促使企业削减相应的环保投资规模。

（3）环境规制对民营企业政治关联与环保投资关系的调节效应具有倒 "U" 形分布的特点。当地区环境规制强度低于某个临界值时，随着环境规制强度的上升，民营企业政治关联有助于促进其环保投资的增加；当地区环境规制强度突破该临界值后，环境规制强度越高，民营企业的政治关联反而不利于企业环保投资规模的扩大。

第6章 政治关联、地区经济发展与民营企业环保投资

当前，学术界关于地区经济发展与企业环保投资的研究较少。有学者指出，短期内地区经济增长可以带动环保投资的增加（阮景芬，2016；高麟和胡立新，2017），但这里的环保投资主要体现为政府用于环境保护及污染治理的投资，即政府环保投资。然而，企业环保投资是否也与地区经济发展状况具有类似的关系还有待于进一步的研究。

6.1 理论分析与研究假设

6.1.1 地区经济发展与民营企业环保投资

由于有关地区经济发展与企业环保投资的学术研究成果较少，本章主要从国内环境保护与经济发展之间关系的具体实践进行理论分析并提出研究假设。环境污染治理和保护工作与地区经济发展有着密切的联系，环境保护离不开地区经济增长这一坚实后盾。自改革开放以来，我国生态环境保护与地区经济发展之间的关系大致经历了三个历史阶段：

6.1.1.1 第一阶段：经济发展起步，企业环保投资不足

这一阶段从 1978 年党的十一届三中全会召开到 20 世纪 90 年代末，是中国经济发展的重新起步和上升时期，环境保护重新受到党和国家的重视。1979 年，《中华人民共和国环境保护法》颁布实施，环境治理和保护工作开始有了法律支撑；随后一系列环境保护单项法律法规相继制定和颁布，如《中华人民共和国

水污染防治法》《中华人民共和国草原法》《中华人民共和国大气污染防治法》等。1990 年，国务院《关于进一步加强环境保护工作的决定》提出了环境保护目标责任制、城市环境综合整治定量考核制、排放污染物许可证制、污染集中控制、限期治理、环境影响评价制度、"三同时"制度、排污收费制度等共八项环境管理制度，且将环境保护目标责任制的实行摆在了突出位置。可以看出，这一阶段的环境保护工作的突出特点就是制度建设成果显著，但受限于经济发展水平，政府的环保投资力度不足，相应的配套政策措施也不够完善，对企业的环保宣传还不够深入，因此，企业更加关注的的还是如何快速成长壮大，赚取更多利润，从而投资环保的意识不强。

6.1.1.2 第二阶段：经济快速发展，企业环保投资力度加大

这一阶段从 21 世纪初到 2012 年，是改革开放以来中国经济增长速度最快的时期。随着经济的飞速增长，国家实力不断增强，日益严峻的环境问题得到了政府更大的关注与重视，科学发展观应运而生。在 21 世纪的前 10 年里，为了改善生态环境质量，中央提出建设资源节约型和环境友好型社会，各地区也相应加大了环保投资和宣传力度。从 2000 年到 2012 年末，全国各地区的环保投入规模累计超过 4 万亿元，占 GDP 的比重虽然仍然较低，但保持了增长态势。在这一阶段，政府除了自身加大了环保投资力度外，还积极出台各项环保激励政策，要求污染的行为主体企业承担更多的环境治理和保护责任。与此同时，得益于国内总体经济的快速发展，这一时期的企业经营处于比较繁荣的时期，大部分企业在宏观经济利好形势下获得了较快的发展和更多的利润，也有更多的富余资金用于响应政府的环保投资需求，因此，这一时期企业环保投资力度有所加大。

6.1.1.3 第三阶段：经济增速换挡，企业环保投资保持平稳增长

这一阶段从党的十八大召开以来，国内经济发展从之前的高速增长转变为中高速增长，传统经济增长动力后劲不足，经济发展进入新常态。与此同时，生态环境问题依然比较严峻，党中央进一步提出建设生态文明，将生态环境治理和保护提高到了前所未有的高度。十八大以来，各地区经济发展工作必须与生态文明建设紧密融合，地方政府的各项经济促进政策必须有助于引导企业进行环保投资。因此，这一阶段的环境保护工作可以说是地区经济发展与企业环保投资结合最好的时期。虽然各地区经济增速不再像以前那样高速，但比较平稳的中高速增长仍然可以确保政府有足够的财力进行环保投资，同时给予企业

相应的环保补助，以激励企业继续加大环保投资规模。除了政府的激励政策外，这一时期区域经济增长也为企业进行环保投资奠定了良好的经济基础，对带动企业环保投资增长也具有一定的促进作用。

从国内环境保护与经济发展之间关系的三个历史发展阶段来看，当经济发展水平较低时，政府无力进行大规模的环保投资，对企业履行环境责任的宣传激励或对企业污染行为规制力度也较弱，从而企业环保投资意识不强，投资规模很小。随着经济增长速度加快，政府有更多的财力用于环保投资，同时也有更多的政策、资金激励企业进行环保投资，因此，企业环保投资规模也会相应扩大。也就是说，国内环境保护的实践表明，地区经济发展水平越高，企业环保投资的动力和规模也就越大。基于此，本章提出如下研究假设：

假设1：地区经济发展水平与民营企业环保投资规模呈正相关关系。

6.1.2 差异化区域经济条件对政治关联与民营企业环保投资关系的影响

政治关联是一个情境性极强的概念，因国别、区域不同而呈现出异质性特征。在差异化的区域经济状况下，官员的政治绩效与区域环境质量的关联程度，影响着区域的环境规制强度，官员的政治意图成为企业政治关系的发展导向，将会影响企业环保投资。但是，这种差异化的区域发展条件具体如何影响企业政治关联与其环保投资之间的关系，目前还缺少比较系统的研究。

假设民营企业环保投资是其政治关联与地区经济发展水平的函数，政治关联与地区经济发展水平的交互项反映差异化的区域经济条件对民营企业政治关联与其环保投资关系的影响。假定不存在任何其他影响因素，用 Y 表示任意民营企业的环保投资规模，X_1 表示民营企业政治关联，X_2 表示民营企业所在地区的经济发展水平。那么，三者之间的关系可以表示为：$Y = aX_1 + bX_2 + cX_1X_2$。对该方程式关于 X_1 求偏导，即 $\partial Y / \partial X_1 = a + cX_2$，可以得到民营企业政治关联对其环保投资规模的影响效应 a，还可以得到差异化区域经济条件对二者关系的影响效应 cX_2。如何比较不同经济发展水平对民营企业政治关联与环保投资规模关系的影响效应呢？一种可行的方法是将差异化的区域经济条件虚拟变量化，设定一个用于比较的基准组（将 X_2 赋值为 0），其他的经济发展水平相应赋值为 1，那么，与基准组相比，地区经济发展水平的影响效应就量化为 c。

　　为了简化分析，本书将差异化的区域经济发展水平分为两种——相对高水平和相对低水平，并且将经济发展水平相对较高的地区设定为基准组，在此基础上着重分析在经济发展水平相对较低的地区，民营企业政治关联与其环保投资之间的关系。在经济发展水平相对较低的地区，主政官员不仅面临着经济政绩考核的压力，还面临着生态环境保护的压力。在这种双重压力下，加快经济发展可能会损害环境质量，强化环境保护又可能压低经济增长速度。在这种情况下，主政官员往往更注重政绩锦标赛，做出可能不利于环境保护的决策。那么，对于那些具有政治关联的民营企业来说，既然政府更迫切于经济增长，它们自然乐于与政府达成默契，从而降低环保投资的积极性。但这并不意味着民营企业不会增加环保投资，因为前面我们证实了民营企业政治关联本身有助于其环保投资的增加，只是在经济发展压力较大的地区这种政治关联的积极效应可能受到一定的削弱，表现在数量关系上，就是 $X_1 X_2$ 的系数 c 为负。具体地，$c < 0$ 表明在地区经济发展水平较低的地区，民营企业政治关联对其环保投资的影响效应综合为 $a + c < a$，当 c 的绝对值超过 a 的绝对值时，民营企业政治关联对环保投资的影响将从增加转变为减少，而经济发展水平较高的地区政治关联对民营企业环保投资的影响效应为 a。也就是说，较低的经济发展水平可能削弱民营企业政治关联对环保投资的积极影响，前文在现状分析时也表明了经济水平较高的东南沿海地区企业环保投资规模更高。基于此，本章提出如下研究假设：

　　假设2：地区经济发展水平对民营企业政治关联和环保投资之间的关系具有负面影响，经济发展水平越高的地区，政治关联对民营企业环保投资的促进作用越大，反之，经济发展水平越低的地区，政治关联对民营企业环保投资的促进作用减弱甚至为负。

6.2　研　究　设　计

6.2.1　样本选择

　　本章实证分析的样本仍然是我国2008—2015年沪深两市A股上市的重污染

行业民营企业。考虑到地区经济发展水平的时空演变动态性，本章将原始的民营企业样本由非平衡面板调整为平衡面板，研究区间仍设定为 2008—2015 年，最终得到 1200 个观测样本。

6.2.2　模型设定和变量说明

为实证检验前文提出的假设 1 和假设 2，本章设定如下计量模型：

$$envst\_std_{it} = \alpha + \beta_1 envst\_std_{i(t-1)} + \beta_2 political_{it} + \beta_3 political_{it} \times econ_{it}$$
$$+ \gamma controls_{it} + \mu_i + \rho_t + \varepsilon_{it} \qquad (6-1)$$

其中，$envst\_std$ 表示经过标准化处理的企业环保投资，在实证回归过程中包含三个具体变量——标准化的企业环保投资总额（$total\_envst\_std$）、标准化的企业资本化环保投资（cap_envst_std）和标准化的企业费用化环保投资（exp_envst_std），标准化方式为企业环保投资取自然对数。$political$ 表示民营企业的政治关联，在实证回归过程中也包含三个具体变量——总体政治关联（pr）、中央政治关联（cpr）和地方政治关联（lpr），参考罗党论和唐清泉（2009）、姚圣（2011）的度量方法，分别使用具有相应政治背景的企业高管人数占企业董事会人数的比重进行表示。$policital \times econ$ 反映差异化的区域经济条件对民营企业政治关联与环保投资关系的影响，对于地区经济发展水平变量 $econ$，采取虚拟变量赋值的方式得到：将 2008—2015 年各省份人均 GDP 的年度均值与全国人均 GDP 的年度均值进行比较，高于全国平均水平的地区归为基准组，$econ$ 取值为 0，低于全国平均水平的地区，$econ$ 取值为 1。$controls$ 表示方程（6-1）在实证回归时需要控制的其他变量，本章选取的控制变量包括地区人均 GDP 的对数（$lnpgdp$）、地区人口规模的对数（$lnpop$）和地区工业污染治理投资的对数（$lnindvst$），控制变量数据来源于国家统计局官方网站。μ、ρ 和 ε 分别表示个体固定效应、时间固定效应和随机扰动项。具体变量定义说明如表 6-1 所示。

表 6-1　　　　　　　　　　　　　变量定义说明

变量类别	变量符号	变量说明
企业环保投资变量	$total\_envst\_std$	企业环保投资总额，取自然对数标准化
	cap_envst_std	企业资本化的环保投资，取自然对数标准化
	exp_envst_std	企业费用化的环保投资，取自然对数标准化

续表

变量类别	变量符号	变量说明
企业政治关联变量	*pr*	政治关联，等于具有政治背景的企业高管人数占企业董事会人数的比重
	cpr	中央政治关联，等于具有中央政治背景的企业高管人数占企业董事会人数的比重
	lpr	地方政治关联，等于具有地方政治背景的企业高管人数占企业董事会人数的比重
地区经济发展水平变量	*econ*	地区经济发展水平，采用虚拟变量，将 2008—2015 年各省份人均 GDP 的年度均值与全国人均 GDP 的年度均值进行比较，高于全国平均水平的地区归为基准组，取值为 0，低于全国平均水平的地区，取值为 1
控制变量	*lnpgdp*	地区人均 GDP 取自然对数
	lnpop	地区人口规模取自然对数
	lnindvst	地区工业污染治理投资取自然对数

在估计方法的选择上，由于企业上一期的环保投资规模可能影响本期企业环保投资，而且为了规避可能存在的核心解释变量内生性问题，本章选择系统 GMM 方法对方程（6-1）进行实证检验。系统 GMM 方法通过将被解释变量的滞后项与（可能内生的）解释变量视为工具变量，对方程参数进行估计和识别后通过加权得到最终的方程系统 GMM 估计结果，能够有效解决工具变量个数较少时的自由度不足问题，同时，两步估计的系统 GMM 方法可以得到固定效应的核心解释变量 *political* 和 *policital* × *econ* 的有效一致估计量。本章运用两步法的系统 GMM 方法对方程（6-1）进行参数估计。

6.3　实证结果与分析

6.3.1　地区经济发展对民营企业总体政治关联与环保投资关系的影响

表 6-2 报告了在不同的区域经济发展水平下，民营企业总体政治关联对其

环保投资规模影响的系统 GMM 估计结果。首先，民营企业总体政治关联 *pr* 的系数均显著为正，表明政治关联能够有效促使企业增加环保投资，这与前面两章的实证结论相吻合。具体而言，具有政治关联的民营企业可以分别使其环保投资总额、资本化环保投资、费用化环保投资增加 7.23%、4.44% 和 8.82%。其次，民营企业总体政治关联与地区经济发展水平的交互项 *pr × econ* 系数显著为负，说明在经济发展水平较低的地区，企业政治关联对其环保投资的正向促进效应有所减弱，从而证实了本章的假设 2；与经济发展水平较高的地区相比，政治关联对民营企业环保投资总额、资本化环保投资和费用化环保投资的促进作用分别下降 3.31 个、0.60 个和 7.62 个百分点。最后，控制变量的系数估计结果与实际情况基本相符。地区人均 GDP 的系数显著为正，说明一个地区的人均 GDP 越高，该地区就有更充足的财富可以用于生态环境保护，相应的，该地区的企业环保投资规模也更大，假设 1 得到证实；地区人口规模越高，产生环境污染的可能性就越高，从而要求企业付出更多的环境治理成本；地区工业污染治理投资的系数显著为负，表明政府用于工业污染治理的投入越高，企业所需要承担的环保压力就越小，从而环保投资规模缩小。

表 6 - 2 　　　　**差异化区域经济发展水平下总体政治关联**
与民营企业环保投资

	(1) total_envst_std	(2) cap_envst_std	(3) exp_envst_std
L. total_envst_std	0.6804 *** (76.7513)	0.2051 *** (15.0284)	0.5333 *** (45.0547)
pr	7.2348 *** (10.2283)	4.4410 *** (9.2045)	8.8195 *** (9.8441)
pr × econ	- 3.3111 *** (- 2.9854)	- 0.5960 (- 0.6321)	- 7.6218 *** (- 9.5391)
lnpgdp	2.9836 *** (4.1776)	5.9848 *** (8.4802)	- 0.2536 (- 0.4502)
lnpop	2.6311 *** (4.9963)	2.9547 *** (5.2090)	1.0340 ** (2.1802)

续表

	（1） total_envst_std	（2） cap_envst_std	（3） exp_envst_std
lnindvst	− 2. 4593 *** （− 4. 8775）	− 3. 6805 *** （− 6. 4700）	− 0. 3647 （− 0. 8242）
_cons	− 33. 2215 *** （− 4. 5062）	− 60. 8918 *** （− 8. 1669）	− 0. 6326 （− 0. 1085）
N	1050	1050	1050
p	0. 0000	0. 0000	0. 0000

　　注：括号内为 t 检验值，***、**、* 分别表示回归系数在 1%、5% 和 10% 的统计水平上显著。

6.3.2　地区经济发展对民营企业中央政治关联与环保投资关系的影响

　　表 6 - 3 报告了在不同的区域经济发展水平下，民营企业中央政治关联对其环保投资规模影响的系统 GMM 估计结果。首先，民营企业中央政治关联 cpr 的系数均显著为正，且数值远远高于总体政治关联 pr 的系数估计值，表明中央政治关联对民营企业扩大环保投资规模的积极影响更显著。从系数估计值来看，具有中央政治关联的民营企业环保投资总额、资本化环保投资、费用化环保投资要比不具有政治关联的民营企业分别高出 13. 02%、8. 73% 和 16. 41%，与总体政治关联相比也能使三种企业环保投资规模增加 5. 79%（= 13. 02% − 7. 23%）、4. 29%（= 8. 73% − 4. 44%）和 7. 59%（= 16. 41% − 8. 82%）。其次，民营企业中央政治关联与地区经济发展水平的交互项 cpr × econ 系数同样显著为负并且绝对值更高，说明在经济发展水平相对较低的地区，中央政治关联对民营企业环保投资的正向促进效应减弱幅度更大，与经济发展水平较高的地区相比，具有中央政治关联的民营企业环保投资总额、资本化环保投资和费用化环保投资增幅分别只有 7. 59%（= 13. 02% − 5. 43%）、2. 72%（= 8. 73% − 6. 01%）和 8. 43%（= 16. 41% − 7. 98%）。最后，控制变量的系数估计结果与民营企业总体政治关联情形基本一致，不再赘述。

表 6 − 3 差异化区域经济发展水平下中央政治关联
与民营企业环保投资

	（1） *total_envst_std*	（2） *cap_envst_std*	（3） *exp_envst_std*
L. total_envst_std	0.6819 *** (59.3110)	0.2165 *** (26.4793)	0.5299 *** (46.3536)
cpr	13.0239 *** (8.4943)	8.7303 *** (9.8726)	16.4059 *** (13.6472)
cpr × econ	− 5.4256 *** (− 3.0884)	− 6.0068 *** (− 7.0811)	− 7.9764 *** (− 4.0842)
lnpgdp	3.1261 *** (6.1018)	4.5004 *** (6.2231)	− 1.5687 ** (− 2.3874)
lnpop	2.1708 *** (5.2382)	2.6234 *** (4.6877)	0.7166 (1.4122)
lnindvst	− 2.3833 *** (− 5.8768)	− 2.9818 *** (− 5.4275)	− 0.0079 (− 0.0164)
_cons	− 32.6526 *** (− 5.8632)	− 46.1343 *** (− 6.0680)	12.5886 * (1.7416)
N	1050	1050	1050
p	0.0000	0.0000	0.0000

注：括号内为 *t* 检验值，***、**、* 分别表示回归系数在 1%、5% 和 10% 的统计水平上显著。

6.3.3 地区经济发展对民营企业地方政治关联与环保投资关系的影响

表 6 − 4 报告了在不同的区域经济发展水平下，民营企业地方政治关联对其环保投资规模影响的系统 GMM 估计结果。首先，民营企业地方政治关联 *lpr* 的系数估计结果也显著为正，表明在控制了地区经济发展水平的情况下民营企业的地方政治关联也能够显著使其环保投资规模增加。这和前面两章的结论有所

不同，原因可能在于控制地区经济发展水平意味着各地区面临的经济环境相同，企业获取各种资源的地区壁垒大大削弱，从而可以拿出更多的富余资金用于巩固与本地政府之间的政治关联，响应政府环保号召，而增加环保投资规模就是一种很好的形式。*lpr* 的系数估计值表明，控制地区经济发展水平后，民营企业地方政治关联可以分别带来环保投资总额、资本化环保投资与费用化环保投资 8.52%、11.03% 和 11.48% 的增长幅度。其次，民营企业地方政治关联与地区经济发展水平的交互项 *lpr × econ* 系数也同样显著为负且绝对值进一步增大，这意味着在经济发展水平较低的地区，地方政治关联对企业环保投资的正向促进效应会进一步削弱，甚至可能导致环保投资规模由增加变为减少。*lpr × econ* 系数估计值表明，与经济发展水平较高的地区相比，具有地方政治关联的民营企业环保投资总额、资本化环保投资和费用化环保投资增幅分别下降 7.76%、7.89% 和 15.03%。其中，地方政治关联对民营企业费用化环保投资的影响由增加 11.48% 变为减少 3.55%。出现这种现象的原因可能在于，经济发展水平较低的地区，地方政府为了政绩考虑对环保工作的重视力度相对不够，具有地方政治关联的民营企业正好可以利用政府的这种心态减少环保方面的投资，而用于环保管理的费用化环保投资是最容易省出的企业成本。最后，控制变量的系数估计结果与前面两种企业政治关联情形也基本一致，不再赘述。

表 6 - 4　　　差异化区域经济发展水平下地方政治关联与
民营企业环保投资

	（1） *total_envst_std*	（2） *cap_envst_std*	（3） *exp_envst_std*
L. total_envst_std	0.7051 *** (72.3539)	0.2462 *** (16.6936)	0.4949 *** (24.6820)
lpr	8.5246 *** (11.7654)	11.0323 *** (10.4902)	11.4819 *** (13.9811)
lpr × econ	- 7.7579 *** (- 8.4196)	- 7.8930 *** (- 4.5653)	- 15.0299 *** (- 9.7423)
lnpgdp	3.9804 *** (5.8413)	6.7519 *** (9.7230)	0.4327 (0.5210)
lnpop	2.9851 *** (7.4435)	3.1972 *** (5.8314)	1.5164 *** (2.7561)

续表

	（1） total_envst_std	（2） cap_envst_std	（3） exp_envst_std
lnindvst	− 3. 0790 *** （ − 6. 8931）	− 3. 8974 *** （ − 7. 2782）	− 0. 8190 （ − 1. 4074）
_cons	− 41. 4498 *** （ − 6. 0241）	− 69. 5977 *** （ − 9. 1279）	− 7. 6809 （ − 0. 9078）
N	1050	1050	1050
p	0. 0000	0. 0000	0. 0000

注：括号内为 t 检验值，*** 、** 、* 分别表示回归系数在 1%、5% 和 10% 的统计水平上显著。

6.3.4　稳健性检验

关于政治关联本身与民营企业环保投资关系的结论经过前面章节的分析和检验，已经比较成熟和稳健。本章主要检验地区经济发展水平对民营企业政治关联与其环保投资关系的影响结论是否稳健。一种检验思路是，对地区经济发展水平的不同划分可能影响结论的稳健性。为此，本章重新衡量差异化的区域经济发展条件，从三大地区划分的视角①重新衡量差异化的区域经济发展水平，并且以东部地区为基准组。具体检验结果显示在表 6 – 5 至表 6 – 7 中。

从表 6 – 5 至表 6 – 7 报告的结果可以看出，重新衡量差异化的区域经济发展水平并按照三大地区进行分组之后，本章的主要结论并没有发生改变。在中部地区（对应 dis1）和西部地区（对应 dis2），地区经济发展水平与民营企业政治关联的交互项系数均显著为负，表明这两个地区的政治关联对民营企业环保投资的促进作用相比东部地区显著下降，而其经济发展水平又明显落后于东部地区。就中部地区和西部地区比较而言，西部地区政治关联对民营企业环保投资促进作用的下降幅度更大，而其经济发展水平又比中部地区更低，这与前面主检验的结论相呼应，表明本章的实证结果具有稳健性。

---

① 东部地区包括北京、天津、河北、辽宁、上海、江苏、浙江、福建、山东、广东、海南 11 个省市，中部地区包括山西、吉林、黑龙江、安徽、江西、河南、湖北、湖南 8 个省，西部地区包括内蒙古、广西、重庆、四川、贵州、云南、西藏、陕西、甘肃、青海、宁夏、新疆 12 个省市区。

表 6 – 5　　　基于三大地区划分的差异化区域经济发展水平下

总体政治关联与民营企业环保投资

	（1） total_envst_std	（2） cap_envst_std	（3） exp_envst_std
L. total_envst_std	0. 6787 *** (111. 5189)	0. 2492 *** (81. 1560)	0. 5148 *** (160. 9253)
pr	9. 6840 *** (12. 1393)	3. 0518 *** (9. 0258)	10. 4158 *** (93. 9167)
pr_dis1	− 3. 5025 *** (− 5. 5845)	− 0. 6259 (− 0. 8343)	− 7. 0074 *** (− 33. 2595)
pr_dis2	− 6. 3981 *** (− 4. 3664)	2. 6525 *** (6. 0559)	− 10. 9091 *** (− 30. 0685)
lnpgdp	3. 8617 *** (7. 8492)	5. 6237 *** (9. 5057)	− 0. 6067 * (− 1. 7056)
lnpop	2. 8123 *** (9. 9006)	2. 8292 *** (7. 1046)	1. 5729 *** (6. 8776)
lnindvst	− 2. 8811 *** (− 9. 2737)	− 3. 3186 *** (− 7. 4032)	− 0. 6322 ** (− 2. 4979)
_cons	− 42. 0290 *** (− 8. 2734)	− 57. 7034 *** (− 9. 6077)	1. 4298 (0. 3816)
N	1050	1050	1050
p	0. 0000	0. 0000	0. 0000

注：括号内为 t 检验值， *** 、 ** 、 * 分别表示回归系数在 1% 、5% 和 10% 的统计水平上显著。

dis1 表示中部地区，dis2 表示西部地区。

表 6 – 6　　　基于三大地区划分的差异化区域经济发展水平下

中央政治关联与民营企业环保投资

	（1） total_envst_std	（2） cap_envst_std	（3） exp_envst_std
L. total_envst_std	0. 6643 *** (92. 5564)	0. 2197 *** (48. 7644)	0. 5155 *** (64. 5810)
cpr	21. 3214 *** (17. 0206)	13. 3978 *** (16. 1190)	25. 1265 *** (32. 6049)

续表

	（1） total_envst_std	（2） cap_envst_std	（3） exp_envst_std
cpr_dis1	−9.0104 *** （−10.4333）	−9.3854 *** （−8.3516）	−6.4212 *** （−10.1078）
cpr_dis2	−10.4829 *** （−10.7881）	−9.6461 *** （−9.7932）	−14.9369 *** （−25.2852）
lnpgdp	3.2204 *** （6.8504）	5.0418 *** （7.9457）	−3.0307 *** （−7.3305）
lnpop	2.6413 *** （8.5735）	2.7836 *** （6.9545）	0.2407 （0.6929）
lnindvst	−2.8416 *** （−8.8382）	−3.2197 *** （−7.1535）	0.6126 （1.6194）
_cons	−33.5202 *** （−6.6153）	−51.9127 *** （−8.1324）	27.3623 *** （6.5186）
N	1050	1050	1050
p	0.0000	0.0000	0.0000

注：括号内为 t 检验值，*** 、** 、* 分别表示回归系数在 1% 、5% 和 10% 的统计水平上显著。

dis1 表示中部地区，dis2 表示西部地区。

表 6 − 7   基于三大地区划分的差异化区域经济发展水平下
地方政治关联与民营企业环保投资

	（1） total_envst_std	（2） cap_envst_std	（3） exp_envst_std
L. total_envst_std	0.6990 *** （105.8542）	0.2947 *** （56.4124）	0.5181 *** （74.7428）
lpr	8.9912 *** （12.3019）	0.7617 （0.9785）	10.6340 *** （17.0665）
lpr_dis1	−14.7837 *** （−9.9709）	−2.8478 ** （−2.1720）	−15.4367 *** （−11.4717）
lpr_dis2	−15.0701 *** （−10.0798）	−14.2028 *** （−19.1206）	−24.5773 *** （−9.3523）

续表

	（1） total_envst_std	（2） cap_envst_std	（3） exp_envst_std
lnpgdp	2. 9750 *** （7. 1553）	5. 1996 *** （20. 1042）	− 0. 4139 （− 1. 0623）
lnpop	2. 3667 *** （9. 3670）	2. 5601 *** （13. 5783）	1. 5227 *** （5. 1110）
lnindvst	− 2. 1782 *** （− 7. 8256）	− 3. 0586 *** （− 16. 0424）	− 0. 5035 * （− 1. 7018）
_cons	− 33. 6684 *** （− 7. 5846）	− 52. 7172 *** （− 19. 7496）	− 0. 6455 （− 0. 1542）
N	1050	1050	1050
p	0. 0000	0. 0000	0. 0000

注：括号内为 t 检验值，*** 、** 、* 分别表示回归系数在 1%、5% 和 10% 的统计水平上显著。

$dis1$ 表示中部地区，$dis2$ 表示西部地区。

6.4　本章小结

基于动态面板的系统 GMM 方法，本章实证检验了差异化区域经济发展水平对民营企业政治关联与其环保投资规模关系的影响，结果发现，在不同的区域经济发展水平下，政治关联对民营企业环保投资的影响确实有所差异。具体来看，本章主要结论如下：

（1）控制地区经济发展水平之后，具有政治关联的民营企业环保投资规模会显著增加，但是在经济发展水平较低的地区，企业政治关联对其环保投资的促进作用会显著下降。从本章第 3 节的实证估计结果来看，在差异化的区域经济发展水平下，民营企业政治关联对其环保投资规模影响的总体方向并没有发生明显的变化，政治关联仍然有助于民营企业增加环保投资，这与本书前面章节的基本结论相呼应。就不同类型的企业政治关联影响效应而言，中央政治关联对民营企业环保投资的促进作用最大，这和它们对中央环保政策意图的领会更深和执行更到位密切相关。就不同的企业环保投资而言，不论是总体政治关联，还是中央政治关联或地方政治关联，对民营企业费用化环保投资的正向促进效应更大，这表明民营企业仍然侧重表面性的环保投资，并没有从引进设备和采取新技术方面增加实质性的环保投资。

（2）经济发展水平高的地区民营企业环保投资规模更高，而经济发展水平相对较低的地区民营企业环保投资规模也相对较低。地区经济发展水平对民营企业政治关联和环保投资之间的关系具有负面影响，经济发展水平越高的地区，政治关联对民营企业环保投资的促进作用越大，反之，经济发展水平越低的地区，政治关联对企业环保投资的促进作用减弱。并且在经济发展水平相对较低的地区，地方政治关联对民营企业环保投资的促进作用相比中央政治关联会出现更大幅度的下降，甚至可能导致民营企业环保投资规模的缩小。

第7章　完善政治关联影响民营企业环保投资的政策建议

7.1　研 究 总 结

7.1.1　研究结论

本书着重研究政治关联对民营企业环保投资规模的影响，通过理论分析和实证检验，主要得出了以下结论：

第一，民营企业环保投资呈增长趋势但规模总量相对较小。本书第 2 章在描述我国重污染行业企业环保投资现状时基于上市公司年报数据发现，2008—2015 年我国 18 个重污染行业上市公司的环保投资总额基本保持了增长态势，但民营企业环保投资规模相对国有企业较小。在全部 2827 个民营企业样本中，实际有环保投资数据的不到半数，仅有 1000 家左右。民营企业环保投资虽然在研究期内也保持了增长态势，但体量更加微小，而且更多的环保投资是用于环保管理方面的表面性支出，涉及环保设备更新、技术升级方面的资本化环保支出规模更小。因此，可以说我国的民营企业在环保投资领域中的表现并不出色，在生态文明建设的大潮下还需要反思并承担更多的环保责任。

第二，政治关联可以促进民营企业增加环保投资。本书在文献梳理时发现学术界关于企业政治关联与环保投资规模之间关系的认识并不统一，有学者认为政治关联可以带来更多的企业环保投资，也有学者认为政治关联更容易滋生寻租腐败，不利于企业环保投资规模的增加。本书通过第 3 章、第 4 章和第 5 章的实证检验发现，相比于不具备政治关联的民营企业而言，具有政治关联的民营企业环保投资规模更高，也就是说，政治关联有助于民营企业增加环保投资。从环保投资的资金来源看，具有政治关联的民营企业费用化的环保投资增加更为显著，资本化的环保投资增加相对较小，这与民营企业环保投资的实际状况相吻合。

通过将民营企业的政治关联按照高管政治背景的层级划分为中央政治关联和地方政治关联，本书研究发现：地方政治关联对民营企业环保投资的积极效应较弱，而中央政治关联对民营企业环保投资的正向效应更加显著。这表明，具有中央政治关联的民营企业对中央政府的环保意图和决策领会更深，更倾向于执行国家的环保要求，承担更多的环保责任；而具有地方政治关联的民营企业有时候会与地方政府达成某种默契，迎合地方政府追求经济政绩的需求，从而削弱环保投资力度，本书第 3 章、第 4 章、第 5 章的实证检验均发现了这一规律。

此外，本书在第 3 章还进一步按照企业高管职务的不同将民营企业的政治关联区分为董事长政治关联、CEO 政治关联和独立董事政治关联，结果发现，掌握企业实际权力的董事长和 CEO 的政治关联能够显著促使企业扩大环保投资规模，而独立董事的政治关联则没有明显的促进作用。

第三，政治关联可以帮助民营企业获取更多的政府环保补助，并进一步促进民营企业扩大环保投资规模。本书在第 3 章实证检验了民营企业政治关联与其获得的政府环保补助之间的关系，结果发现，拥有政治关联确实可以帮助民营企业获得更多的政府环保补助，尤其是董事长和 CEO 的政治关联发挥了主要作用；不过，民营企业获得的政府环保补助更多地来源于地方政治关联，中央政治关联在整体上并没有带来企业获取政府环保补助的显著增加，这主要和中国的财政分权体制相关。

通过将具有政治关联和不具有政治关联的民营企业分组检验，本书在第 3 章的实证检验还发现：不论是否具有政治关联，民营企业只要从政府那里获得环保补助，都会显著增加企业的环保投资规模，但是具有政治关联的民营企业在获得环保补助之后，企业环保投资规模增加的幅度更大。另外，相比地方政治关联，中央政治关联更能促使民营企业将获得的政府环保补助转化为企业环保投资。

第四，地区环境规制对民营企业政治关联与环保投资之间的关系具有倒"U"形的调节效应。本书在第 4 章研究了地区不同的环境规制强度对民营企业环保投资规模的直接影响，所得出的结论与大多数已有文献的研究结果类似，即环境规制强度与民营企业环保投资规模正相关，环境规制约束越强，民营企业的环保投资越多。与此同时，本书更关注的是地区环境规制是否会改变民营企业政治关联对其环保投资的影响方向和强度。第 4 章的实证结果表明，地区环境规制强度的确会改变民营企业政治关联与其环保投资的原有线性关系。本书发现，存在一个环境规制强度的临界值使民营企业政治关联对其环保投资的影响呈倒 "U" 形分布。也就是说，当地区环境规制强度低于某个临界值时，随着环境规制强度的逐步上升，民营企业政治关联与其环保投资规模呈正向变化；当地区环境规制强度突破该临界值后，随着环境规制强度的逐步上升，民营企业的政治关联与其企业环保投资规模的正向积极效应减弱，政治关联反而不利于民营企业环保投资规模的扩大。

第五，差异化的区域经济发展水平能够显著地影响民营企业政治关联与其环保投资之间的关系。地区经济发展与环境保护的实践告诉我们，经济发展水平越高的地区企业环保投资也越多，经济发展水平较低的地区企业环保投资规模则相对较低。本书在第 5 章使用样本企业数据进一步证实了这一点，但这并不是最重要的。重要的是，第 5 章的实证研究发现，在差异化的区域经济条件下，民营企业的政治关联对其环保投资的影响受到了显著的负向冲击。也就是说，在经济发展水平较高的地方，具有政治关联的民营企业可以显著而且幅度较大地增加环保投资，而在经济发展水平较低的地方，民营企业政治关联对环保投资规模的积极促进效应会出现比较明显的下滑，导致民营企业环保投资规模增加的幅度有限，在极端情况下，甚至可能造成民营企业环保投资规模的萎缩。

7.1.2　研究创新

本书的主要研究创新如下：

第一，本书从企业层面出发进行环保投资研究，丰富完善了影响企业环保投资因素的研究文献。现有的影响企业环保投资因素的相关研究大多是从国家宏观层面或产业中观层面出发，针对微观企业的环保投资研究较少，且研究着重集中于法规制度和公司治理等方面。本书从政治关联的角度进行研究，是对企业环保投资影响因素研究领域的有益补充，也可以为后续研究提供有益的铺垫和指引。从另一个角度来看，本书也丰富了政治关联经济后果的研究成果，现有的高管政治网络经济后果研究主要侧重于资本成本、慈善捐赠和财务业绩等方面的影响研究，其对环境保护方面的影响的研究很少，本书选择企业环保投资这一环境责任视角，为在实践中检验政治关联对环境治理产生的影响做了积极的尝试，帮助我们更加全面地理解政治关联对企业经营决策的影响。

第二，本书探讨政治关联对民营企业环保投资的影响与作用机制时，将企业环保投资细分为资本化的环保投资与费用化的环保投资，以更好地理解民营企业在面对政府施加的环保压力时采取的应对策略。在探讨政治关联对民营企业环保投资作用机制时，本书重点考察了政府环保补助所发挥的作用。政治关联是民营企业应对资源分配问题的手段之一，而政府补助一般是政府给予企业最常见的资源，因此，本书透过政府环保补助这一视角，对政治关联与民营企业环保投资间影响机制进行了有益的补充。

第三，本书在关注"有无政治关联"问题的同时，也关注"政治关联强弱"的问题，分别采用虚拟变量与连续变量衡量民营企业的政治关联。另外，本书还探讨了民营企业不同高管层级的政治关联与不同政府层级的政治关联，将政治关联细分为董事长政治关联、CEO 政治关联与独立董事政治关联，以及中央政治关联和地方政治关联。因此，本书从多个维度来刻画民营企业政治关联以及强度，进一步厘清了政治关联的边界，对以往研究结果的不一致性提供了更加合理的经验支持，从而使得研究结论更具有解释效力。

第四，本书综合考虑了地区环境规制强度与地区经济发展水平对政治关联和民营企业环保投资关系的外部调节效应。由于环境资源的公共物品属性，环境污染存在负外部性，因此存在市场失灵的问题。在市场"无形之手"无法有效调节环境问题的情况下，政府"有形之手"必须对环境问题的调控进行补位。那么，不同环境规制强度以及不同经济发展压力条件下，政府所面临的环保压力以及地区发展目标是存在差异的，本书通过政府与企业间形成的关系视角，对政治关联与民营企业环保投资间关联进行研究，从而为更好地发挥政府在促进企业加大环保投资力度方面的"有形之手"的作用提供直接的经验依据。

7.1.3 研究局限与进一步研究方向

本书的研究仍然存在很多不足之处，比如：缺乏对企业政治关联影响环保投资规模理论机制的深入挖掘，没有建立一套对二者关系进行量化的具备普遍适用性的理论模型，在研究样本的选择上缺乏比较分析的考量等，此外，实证研究设计还有待进一步丰富完善。研究不足的存在，使得本书后续研究有了进一步拓展深化的空间，主要可从以下三个方面开展后续研究：

一是基于市场经济特点和主流经济理论构建企业政治关联影响环保投资的理论模型。在现有研究企业政治关联与环保投资关系的文献中并没有从理论模型的构建方面量化政治关联对企业环保投资影响机制的文献，而企业作为市场经济主体，是否具有政治关联身份只是其制定企业发展决策的一个参考变量。因此，企业究竟拿出多少资金用于环保事业，依然取决于其利润最大化的动机和考虑。在后续的研究中，可以引入企业成本收益分析和博弈论等理论方法构建一套企业政治关联影响环保投资的理论模型，将这一问题的研究框架化。

二是考察国有企业和民营企业政治关联对企业环保投资影响机制和特点是否一致。由于国有企业天然具有政治关联，因此本书将研究的样本界定为民营企业，考察民营企业是否具有政治关联以及不同类型政治关联对企业环保投资的影响。从样本数据也可以看出，民营企业中具有环保投资的数量并不占大多数，因此本书的样本数量可能不足。但是，国有企业状况就有所不同，它们因为天然的政治关联优势，受政府的影响更为深刻，在环保投资方面可能是另一种理论机制。在后续研究中，对国有和民营两种不同类型的企业政治关联影响其环保投资的不同特点和机制进行比较分析显得很有必要。

三是谋划实证研究设计的新视角和新方法。本书在考察政治关联影响企业环保投资时，除了直接检验政治关联对企业环保投资的影响效应外，还通过调节效应模型检验了环境规制和差异化地区经济条件的影响。事实上，政治关联影响企业环保投资可能除了直接影响外，还有其他中介路径，受限于数据和模型，本书并未对此进行深入的挖掘。在后续研究中，可能需要从企业本身、政企关系和社会现象等方面找寻政治关联影响企业环保投资的中介路径。在研究方法上，由于本书在数据标准化处理方面的设定，主要实证方法为受限因变量的 Tobit 模型，未来可以通过引入时间动态因子和地理空间效应来进一步丰富实证研究设计的方法。

7.2　政　策　建　议

根据本书的研究结论，结合中国经济发展步入"新常态"的事实与生态文明建设大背景，企业在环境污染治理和生态环境保护方面还需进一步承担更多的责任，环保投资规模需要继续扩大。本书认为，具有政治关联的民营企业虽然环保投资规模相比其他不具有政治关联的民营企业要多，但是仍存在体量不足和质量不高的问题，要使企业在环保领域做出更大的贡献需要从政府和企业两个层面进一步着力。

7.2.1　政府层面

由于环境资源的公共物品属性以及环境污染具有负外部性，在没有外力的干预下企业缺乏主动进行环保投资的意愿，因此，政府需要采取环境管制措施来解决环境保护方面存在的市场失灵问题。本书的实证研究发现，尽管具有政治关联的民营企业比不具有政治关联的民营企业投入了更多的环保资金，但是主要体现在费用化的环保投资方面。为此，政府在规范其与企业间的关联以及环境规制政策的制定和执行等方面有必要采取积极措施。

第一，构建政府与企业之间良好的互动协作机制，对企业谋求政治关联的行为进行合理调控。在财政补贴等资源的分配方面，政府和企业之间似乎存在着一个不良循环，政府所给予的财政补贴与企业投入的政治关联成本有一个平衡关系，也就是说，对于政府提供的金融扶持政策，如税收优惠、财政补贴等，企业投入的政治关联成本越大，也就越容易获得这些资源便利，政府会补偿并维护这种交易关系的平衡。这样的现象严重扭曲了市场的淘汰和激励机制，损害了资源配置的效率和公平，同时也阻碍了产业结构的调整和升级。追根溯源，企业敢于忽视和扭曲环保投资行为，通过政治关联谋取寻租收益的一个重要原因就是政府在经济活动中干预管制过多。因此，应进一步加快市场经济体制改革步伐，真正推动市场在资源配置方面充分发挥决定性作用；政府应明确自身在整个经济环境和企业经营中应该扮演的角色，规范和完善相关规制政策，提高政策实施的公平性和透明度，同时提供相关环保金融扶持政策如税收优惠和政府补助等，提供推动与激励作用。放权让利，减少对市场经济和企业的过多干预，创造一个更加公平的资源分配环境。此外，本书的实证结果也显示，政治关联对民营企业环保投资的促进作用主要体现在费用化的环保投入，在增加环保投资方面侧重面子工程，特别是民营企业的地方政治关联只能带来企业费用化环保投资的增加，而对环保投资总额并没有产生显著影响，对资本化的环保投资的影响有时甚至为负，说明政治关联在某些时候也可能发挥庇护伞的作用，企业利用政治关联进行寻租的可能性依然存在。监管部门应加大对政企关联的监督和约束力度，抑制政治网络对企业环保投资产生的负面影响，限制政商间的利益输送和寻租行为。

第二，强化环境规制，实施差异灵活的环境规制政策与形式。首先，中央政府应把握环境规制基本法规的稳定性和严格性，既要及时制定和完善基础环境法律法规，又要以此为纲，保证与基础法律法规相配套的一系列细则的完整性和实用性。形成完善规范的环境保护法律体系，增强环境法律的可参考性与可执行性。加大环境保护法律的执行力度，强化对企业环境违法行为的责任追究，加大相关惩罚力度，将环境处罚上升到法律层面，增强环境法律的严格性。同时，中央政府应把环境规制落实到基层，制定相应实施细则来督促环境规制的实施。及时完善环境规制细则，做到与时俱进，更好地为社会服务。另外，中央政府还应注意信息的反馈收集，到地方及地方企业进行走访，定期检查环境规制的执行情况，从而对环境规制的效果做到充分和及时的落实与监督。其次，地方政府应因地制宜，注重环境规制的执行效率与效果。一方面要灵活运用中央环境规制政策的调节作用，针对本地实施差异化的环境规制政策。另一方面要充分落实环境规制政策的实施，提高环境规制实施强度，发挥环境规制政策监督与激励的积极效应。此外，要提高地方政府对环境问题的重视程度，实行环境责任终身追责制，将环境业绩纳入地方政府的政绩考核体系。同时提高企业进行环保投资的主动性和积极性，鼓励企业进行环保投资，对进行环保投资的企业给予一定的奖励、税收优惠或补贴。最后，政府应采取灵活多样的环境规制形式，将对企业的环保监管与对企业的环保支持结合起来。一是建立科学合理的环保投资统计制度和方法，及时准确地反映企业环保投资的真实状况。二是完善绿色信贷制度，将环保投资统计分析与绿色信贷标准结合起来，创建企业进行环保投资的资本市场"绿色化"通道，促进企业环保融资渠道的多元化发展。

第三，完善政绩考核体系，降低"政治锦标赛"对地方环保工作的影响。长期以来国内以 GDP 考核为主导的政绩考核体系使得地方政府官员陷入"政治锦标赛"的泥潭，过分关注经济指标，对环保方面的关注和投入力度明显不足，这也使得企业环保投资的积极性不高。本书在第 5 章的实证分析中也发现，越是经济发展水平落后的地区，地方政府的政绩诉求通过政治关联越容易对企业活动产生影响，从而降低企业环保投资的正向效应。因此，在未来生态文明建设的大潮下，关于地方政府的考核体系必须修改和完善，将环保方面的指标列入官员晋升的核心指标，彻底将地方官员从经济增长导向的发展思维扭转为经济、社会、环境协同发展的思维。只有达到这种效果，政府官员才有更大的动力宣传生态环境保护，对企业施加更强的环保约束，从而促使企业增加环保投资，改善生态环境质量。

7.2.2 企业层面

企业作为环保投资的重要主体，其环保投资决策直接影响到企业的健康、长远发展。本书的实证结果表明，政治关联有助于企业获取更多的政府环保补助，而政府环保补助可能只是政府支持企业进行环保投资的方式之一。在生态文明建设的大浪潮下，企业要从自身出发，合理利用与政府之间的关联，使环保投资成为一项"双赢"行为，不仅有利于企业的持续发展进步，也有利于社会的协调发展。具体而言，企业可以从以下几个方面采取积极措施：

第一，在合乎法律和规则的前提下借助政治关联，拓宽融资渠道，扩大环保投资规模。政治关联在市场经济中作为一种替代机制，对于企业来说也是一种重要的经济元素。企业应准确把握政治关联的性质，与政府建立起一种健康、良性的关联，并通过合理运用充分发挥扩展其有利影响，规避消极影响。一方面，企业应积极构建与政府之间良好通畅的信息沟通渠道，既能借此准确获取未来政策变动的相关趋势信息，从而对自身研发活动的推进与开展进行科学合理的安排，实现自身产业能力的培养提高；又能借此向利益相关者传递良好积极的企业信息以弥补信息的不对称，对利益相关者的逆向选择行为起到一定的规避作用，有利于企业拓宽融资渠道，获得融资便利。企业获得政府贷款和融资便利，能够提高自身资本利用率，加快资本的回收。另一方面，对于政治关联给企业带来腐败和政治目标等方面的不良影响，企业应注意减轻和消除。企业可以通过内部监管与外部监督相结合的方式，既增强企业内部信息的透明性，加强管理人员的规制，又增强外部监督，包括引入第三方投资者监督和聘请外部审计机构等式来减轻甚至消除腐败。

此外，政府的环境保护资本具有资本的基本特征，是具有增值有效性和资本稀缺性的有机统一。因此，作为一种特殊的资源，政府的环境保护资本在市场经济中对企业而言有着十分重要的地位。一方面，企业应积极配合运用政府的环境规制政策及配套措施，充分运用政府环保融资机制促进企业自身环保投资规模的逐步扩大，在外部支持基础上进一步完善企业自身内部的环保投资自律机制及奖惩机制，充分珍惜及利用环保资本的稀缺性，从而建立起以"环境金融"为基础的环保投资新模式。另一方面，企业需要提高环保资本的运作效率，合理利用政府和社会形成的环境保护资本，实现环保资本在合理有效经济运动中的长期增值，将资本的增值部分作为扩大环保投资规模的有效保障和动力，从而形成环保资本的长期有效循环利用。

第二，促进企业绿色技术创新，提高企业环保投资效率。首先，企业要注重对创新型技术人才的培养和引进，这是保证一个企业绿色可持续发展的重要源泉。一方面，企业要着力人才的引进和吸收，扩大人才引进的资金投入规模，高薪引进绿色技术创新型人才，积极招收技术专业性人才，为企业注入新的绿色活力，从而为企业进行绿色技术创新提供人才保障；另一方面，企业要注重人才知识创新，注重企业内部工作人员绿色技术创新能力的培养和环保工作效率的提高，吸取和借鉴国内外先进的环保专业知识，促进知识技术的与时俱进，并对企业工作人员做出合理的引导，进行定期的环保知识技术培训。同时，企业要建立奖励机制，充分调动工作人员的绿色创新的主动性和积极性，在企业营造自主创新氛围，注重绿色技术创新进步，促进环保效率提高。其次，企业要促进应用于工程实践中的机械设备的环保化，企业应积极利用创新型技术，并将其投入应用，对传统机器设备进行绿色改造升级，从而产生高效环保的生产设备，大力推进清洁生产，注重清洁能源的运用。企业要重视环保技术和环保设备的维护调试，不断提高环保设备与工程机械的契合度，从而提高机械设备的工作效率，促进环保技术使用效率的提升。最后，企业要注重绿色技术创新，制定长久完善的绿色技术创新策略，注重技术创新能力与创新技术应用的结合，在吸取先进技术经验的同时走自主创新之路，达到企业技术进步与污染控制的"双赢"。企业应当设立环保技术研发中心，利用创新技术大力开发新型环保设备，提高科技含量，进行污染防治装备和节能技术的研发。企业要加强与国外先进行业的交流与合作，深入了解国外信息，学习借鉴外国先进的技术。在吸取先进技术经验的同时走自主创新之路，不断提高自身竞争力，加快绿色创新的步伐。

第三，企业应当承担起环境保护的主体责任，实施绿色发展战略。一方面，企业应坚持绿色发展战略，以责任意识渗透企业文化。企业应积极进行技术改造，促进生产技术的升级和环保技术的更新，提高原材料和能源的综合利用效率，实现资源的综合合理利用，坚定地走绿色可持续发展道路，实现环境友好型发展。同时，企业要将环境责任作为一个重要元素融入企业文化之中，将二者融为一体，塑造更加积极健康的企业文化。注重员工环境道德素质的提高，通过文化的柔性将环境责任意识渗透到员工的价值观念中，起到潜移默化的作用。另一方面，企业应建立起良好的内部监管制度。既要做好管理人员的监管，制定严格的高管管理规章制度，对于企业高管的任职严格把关，从而有效规避高管政治关系腐败；又要做好企业自身内部对环境信息的监管，制定明确的信息披露制度。避免企业在时间上延迟甚至最后不披露企业相关环境信息，或在内容上只披露对企业发展有所促进的环境信息，甚至在重大环境事故发生时隐瞒事故实情，推卸事故责任，危害社会利益。以严格的内部信息监管制度提高企业环境信息披露的自觉性，从而保证企业相关环境信息披露的及时准确。

附录 A 　第 4 章实证分析稳健性检验结果

表 A - 1　　　关于假设 1a 与 1b 的稳健性检验结果（政治关联与企业环保投资）

	total_envst_std				cap_envst_std				exp_envst_std			
	(1)	(2)	(3)	(4)	(5)	(6)	(7)	(8)	(9)	(10)	(11)	(12)
pr	3.8450 *** (3.4383)				4.6226 *** (2.6378)				1.1158 (0.8012)			
pr_chirm		1.8064 ** (2.3165)				-0.1026 (-0.0857)				2.6814 *** (2.6826)		
pr_ceo			1.1843 ** (2.2090)				-0.0472 (-1.4911)				1.1650 ** (2.0398)	
pr_inddr				1.1209 (1.2714)				3.4989 ** (2.5204)				-0.8914 (-0.7994)
size	3.6329 *** (9.9042)	3.6029 *** (9.8057)	3.6356 *** (9.8830)	3.6321 *** (9.8832)	5.3195 *** (9.2561)	5.3103 *** (9.2278)	5.2827 *** (9.1913)	5.2956 *** (9.2268)	2.7873 *** (5.9335)	2.7257 *** (5.8104)	2.8057 *** (5.9676)	2.7931 *** (5.9433)
pro	-34.3349 *** (-5.5155)	-34.5513 *** (-5.5431)	-34.1219 *** (-5.4707)	-34.0166 *** (-5.4517)	-55.3081 *** (-5.7054)	-54.5613 *** (-5.6227)	-54.6947 *** (-5.6490)	-54.4341 *** (-5.6147)	-34.6011 *** (-4.2810)	-35.1468 *** (-4.3541)	-34.4298 *** (-4.2607)	-34.6317 *** (-4.2865)
grow	1.7830 ** (2.2602)	1.7553 ** (2.2250)	1.7785 ** (2.2505)	1.7899 ** (2.2657)	2.6319 ** (2.1910)	2.6044 ** (2.1666)	2.6597 ** (2.2158)	2.6908 ** (2.2417)	0.8135 (0.7661)	0.8018 (0.7582)	0.7765 (0.7310)	0.8024 (0.7562)

续表

	total_enust_std				cap_enust_std				exp_enust_std			
	(1)	(2)	(3)	(4)	(5)	(6)	(7)	(8)	(9)	(10)	(11)	(12)
top1_sther	-0.0188 (-0.6427)	-0.0180 (-0.6176)	-0.0173 (-0.5923)	-0.0178 (-0.6090)	0.0456 (1.0263)	0.0463 (1.0409)	0.0468 (1.0540)	0.0442 (0.9949)	-0.0554 (-1.4730)	-0.0556 (-1.4820)	-0.0557 (-1.4806)	-0.0550 (-1.4613)
spr	-0.1281*** (-3.6351)	-0.1250*** (-3.5495)	-0.1264*** (-3.5830)	-0.1272*** (-3.6075)	-0.0143 (-0.2662)	-0.0140 (-0.2613)	-0.0113 (-0.2111)	-0.0167 (-0.3118)	-0.2120*** (-4.6014)	-0.2090*** (-4.5489)	-0.2124*** (-4.6133)	-0.2112*** (-4.5874)
execu_hold	-0.0260 (-0.4776)	-0.0316 (-0.5780)	-0.0196 (-0.3594)	-0.0242 (-0.4438)	-0.1155 (-1.3862)	-0.1086 (-1.2994)	-0.1020 (-1.2224)	-0.1221 (-1.4635)	0.1152 (1.6237)	0.0998 (1.4071)	0.1126 (1.5856)	0.1207* (1.6995)
year_sn	-0.0428 (-0.2256)	-0.0717 (-0.3784)	-0.1101 (-0.5816)	-0.0885 (-0.4665)	-0.2762 (-0.9606)	-0.3504 (-1.2205)	-0.3731 (-1.3029)	-0.2868 (-0.9985)	-0.0042 (-0.0170)	0.0302 (0.1226)	-0.0108 (-0.0440)	-0.0407 (-0.1648)
cic_sn	-0.4489*** (-4.0131)	-0.4576*** (-4.0888)	-0.4605*** (-4.0996)	-0.4573*** (-4.0857)	-0.6958*** (-4.0052)	-0.7042*** (-4.0562)	-0.7257*** (-4.1687)	-0.6975*** (-4.0211)	-0.3468** (-2.4373)	-0.3479** (-2.4468)	-0.3377** (-2.3683)	-0.3494** (-2.4584)
_cons	-74.6439*** (-9.6115)	-71.3375*** (-9.2755)	-71.0794*** (-9.2110)	-71.9497*** (-9.3191)	-89.3781*** (-9.9932)	-87.3212*** (-9.7599)	-87.3814*** (-9.6543)	-85.5341*** (-9.9235)	-62.6275*** (-6.3075)	-61.6121*** (-6.2713)	-62.3983*** (-6.3175)	-61.0163*** (-6.1812)
sigma_cons	16.9782*** (36.1942)	16.9995*** (36.1863)	17.0244*** (36.1819)	17.0192*** (36.1837)	22.2764*** (26.1323)	22.3174*** (26.1255)	22.2947*** (26.1281)	22.2769*** (26.1319)	19.6116*** (28.3554)	19.5554*** (28.3613)	19.6066*** (28.3560)	19.6084*** (28.3553)
N	2827	2827	2827	2827	2827	2827	2827	2827	2827	2827	2827	2827
p	0.0000	0.0000	0.0000	0.0000	0.0000	0.0000	0.0000	0.0000	0.0000	0.0000	0.0000	0.0000

注：括号内为 t 检验值，***、**、* 分别表示回归系数在 1%、5% 和 10% 的统计水平上显著。

表 A-2　关于假设 1c 的稳健性检验结果（中央政治关联与企业环保投资）

	total_envst_std				cap_envst_std				exp_envst_std			
	(1)	(2)	(3)	(4)	(5)	(6)	(7)	(8)	(9)	(10)	(11)	(12)
cpr	5.5016*** (4.5692)				5.9286*** (3.1332)				3.5643** (2.4020)			
cpr_chirm		2.7026** (2.4803)				2.2357* (1.6671)				1.2390 (0.7317)		
cpr_ceo			1.3901** (2.0878)				4.0896** (2.1484)				-1.4909 (-0.7268)	
cpr_inddr				2.1534** (1.9810)				3.4472** (2.0390)				1.5389 (1.1397)
size	3.6597*** (7.0353)	3.6614*** (6.9856)	3.7558*** (7.1477)	3.6555*** (6.9654)	5.5739*** (6.7222)	5.6009*** (6.7205)	5.5965*** (6.7189)	5.4907*** (6.6119)	3.2731*** (5.0085)	3.2563*** (4.9663)	3.3817*** (5.1652)	3.2704*** (4.9821)
pro	-39.1618*** (-4.5162)	-38.6964*** (-4.4465)	-38.2138*** (-4.3757)	-38.2660*** (-4.3826)	-80.9481*** (-5.5236)	-79.2555*** (-5.4014)	-78.2806*** (-5.3515)	-78.9999*** (-5.3951)	-37.5435*** (-3.4931)	-37.4305*** (-3.4836)	-37.6326*** (-3.5003)	-37.1054*** (-3.4451)
grow	2.6667** (2.5257)	2.6053** (2.4601)	2.6320** (2.4761)	2.6555** (2.5006)	3.7050** (2.2105)	3.5985** (2.1360)	3.6098** (2.1470)	3.7178** (2.2166)	2.2635* (1.7011)	2.2396* (1.6867)	2.2317* (1.6777)	2.2696* (1.7040)
top1_sther	0.0244 (0.6036)	0.0265 (0.6514)	0.0272 (0.6687)	0.0278 (0.6839)	0.1202* (1.9256)	0.1212* (1.9357)	0.1189* (1.8985)	0.1204* (1.9273)	-0.0550 (-1.0852)	-0.0548 (-1.0799)	-0.0527 (-1.0412)	-0.0516 (-1.0154)

续表

	total_emst_std				cap_emst_std				exp_emst_std			
	(1)	(2)	(3)	(4)	(5)	(6)	(7)	(8)	(9)	(10)	(11)	(12)
spr	-0.1748*** (-3.4644)	-0.1712*** (-3.3852)	-0.1740*** (-3.4336)	-0.1715*** (-3.3842)	-0.0690 (-0.8700)	-0.0683 (-0.8618)	-0.0704 (-0.8904)	-0.0693 (-0.8743)	-0.2392*** (-3.7905)	-0.2363*** (-3.7509)	-0.2375*** (-3.7778)	-0.2355*** (-3.7317)
execu_hold	-0.0183 (-0.2382)	-0.0104 (-0.1353)	-0.0066 (-0.0857)	-0.0081 (-0.1054)	-0.2404** (-2.0178)	-0.2278* (-1.9080)	-0.2165* (-1.8083)	-0.2410** (-2.0172)	0.2323** (2.3853)	0.2362** (2.4240)	0.2206** (2.2637)	0.2396** (2.4542)
year_sn	0.2618 (0.9701)	0.1043 (0.3900)	0.0542 (0.2032)	0.1215 (0.4500)	0.0987 (0.2371)	-0.1083 (-0.2636)	-0.1539 (-0.3753)	0.0151 (0.0363)	0.1506 (0.4447)	0.0610 (0.1824)	0.0620 (0.1865)	0.0646 (0.1914)
cic_sn	-0.6786*** (-4.1988)	-0.7216*** (-4.4467)	-0.7140*** (-4.3967)	-0.7068*** (-4.3573)	-0.7002*** (-2.8229)	-0.7364*** (-2.9697)	-0.7393*** (-2.9889)	-0.7074*** (-2.8558)	-0.7031*** (-3.4688)	-0.7318*** (-3.6098)	-0.7126*** (-3.5233)	-0.7229*** (-3.5699)
_cons	-74.1799*** (-6.7664)	-70.5211*** (-6.4218)	-71.5986*** (-6.4873)	-70.7215*** (-6.4409)	-92.734*** (-7.3047)	-91.5213*** (-7.0963)	-89.8731*** (-7.0259)	-89.9112*** (-7.1057)	-69.5185*** (-5.0460)	-66.9674*** (-4.8681)	-69.7331*** (-5.0583)	-67.4401*** (-4.9021)
sigma_cons	16.2579*** (25.7165)	16.3762*** (25.6938)	16.4250*** (25.6881)	16.4020*** (25.6925)	21.3134*** (18.3013)	21.4410*** (18.2878)	21.4382*** (18.2882)	21.3958*** (18.2927)	18.6337*** (20.9886)	18.6585*** (20.9832)	18.6146*** (20.9899)	18.6864*** (20.9817)
N	1355	1355	1355	1355	1355	1355	1355	1355	1355	1355	1355	1355
p	0.0000	0.0000	0.0000	0.0000	0.0000	0.0000	0.0000	0.0000	0.0000	0.0000	0.0000	0.0000

注：括号内为 t 检验值，***、**、* 分别表示回归系数在 1%、5% 和 10% 的统计水平上显著。

表 A－3　关于假设 1c 的稳健性检验结果（地方政治关联与企业环保投资）

	total_envst_std				cap_envst_std				exp_envst_std			
	(1)	(2)	(3)	(4)	(5)	(6)	(7)	(8)	(9)	(10)	(11)	(12)
lpr	2.3229* (1.7189)				3.8079* (1.8133)				-1.4784 (-0.8933)			
lpr_chirm		0.9515 (0.4012)				-12.5497*** (-2.6914)				7.0718*** (2.5873)		
lpr_ceo			2.1621 (0.8178)				-7.2740 (-1.5076)				5.0019** (2.2790)	
lpr_inddr				-0.8217 (-0.5043)				2.9675** (2.2395)				4.9467** (2.3923)
size	4.1931*** (7.0640)	4.1700*** (7.0196)	4.2022*** (7.0523)	4.1917*** (7.0707)	6.8732*** (7.1779)	6.8110*** (7.1488)	6.7806*** (7.0880)	6.8780*** (7.1914)	2.8453*** (3.9023)	2.8439*** (3.9122)	2.9548*** (4.0345)	2.8562*** (3.9156)
pro	-26.5136*** (-2.6917)	-26.5833*** (-2.6946)	-26.5660*** (-2.6963)	-26.0844*** (-2.6462)	-50.7663*** (-3.3909)	-50.0738*** (-3.3467)	-50.5361*** (-3.3543)	-50.0416*** (-3.3398)	-26.7522** (-2.1473)	-26.2777** (-2.1236)	-26.0857** (-2.1083)	-26.7485** (-2.1480)
grow	-0.4010 (-0.2566)	-0.4198 (-0.2687)	-0.4780 (-0.3056)	-0.3209 (-0.2055)	0.2737 (0.1162)	0.2457 (0.1045)	0.4031 (0.1707)	0.4208 (0.1787)	-1.7637 (-0.8341)	-1.8374 (-0.8733)	-1.9618 (-0.9245)	-1.7949 (-0.8476)
top1_sther	-0.1482*** (-3.0050)	-0.1473*** (-2.9722)	-0.1480*** (-2.9955)	-0.1498*** (-3.0375)	-0.1187 (-1.5560)	-0.1332* (-1.7407)	-0.1264* (-1.6572)	-0.1207 (-1.5830)	-0.1136* (-1.8535)	-0.0979 (-1.6008)	-0.1117* (-1.8211)	-0.1133* (-1.8477)

续表

	total_enust_std				cap_enust_std				exp_enust_std			
	(1)	(2)	(3)	(4)	(5)	(6)	(7)	(8)	(9)	(10)	(11)	(12)
spr	-0.1353**	-0.1331**	-0.1333**	-0.1381**	0.0291	0.0185	0.0245	0.0236	-0.1995***	-0.1823**	-0.1965***	-0.1991***
	(-2.3613)	(-2.3156)	(-2.3279)	(-2.4113)	(0.3348)	(0.2140)	(0.2826)	(0.2726)	(-2.7537)	(-2.5193)	(-2.7110)	(-2.7456)
execu_hold	-0.0555	-0.0576	-0.0521	-0.0576	0.0324	0.0201	0.0185	0.0281	-0.0019	0.0045	0.0161	-0.0003
	(-0.6039)	(-0.6257)	(-0.5648)	(-0.6275)	(0.2289)	(0.1422)	(0.1307)	(0.1986)	(-0.0160)	(0.0394)	(0.1380)	(-0.0026)
year_sn	-0.1000	-0.1323	-0.1364	-0.0901	-0.3374	-0.2771	-0.3421	-0.3204	-0.0763	-0.1359	-0.0952	-0.0706
	(-0.3291)	(-0.4346)	(-0.4488)	(-0.2966)	(-0.7301)	(-0.6010)	(-0.7410)	(-0.6937)	(-0.1985)	(-0.3543)	(-0.2476)	(-0.1834)
cic_sn	0.0268	0.0259	0.0327	0.0273	-0.0957	-0.1594	-0.1511	-0.0991	-0.0307	0.0365	0.0065	-0.0276
	(0.1571)	(0.1510)	(0.1908)	(0.1604)	(-0.3555)	(-0.5934)	(-0.5574)	(-0.3684)	(-0.1463)	(0.1732)	(0.0307)	(-0.1318)
_cons	-87.4749***	-85.4316***	-86.2320***	-87.7119***	-93.2673***	-91.2134***	-92.8357***	-91.1863***	-64.5118***	-67.3600***	-68.6769***	-65.2893***
	(-7.0385)	(-6.9097)	(-6.9392)	(-4.3065)	(-7.7932)	(-7.6235)	(-7.5881)	(-7.0749)	(-4.2535)	(-4.4681)	(-4.5089)	(-7.8332)
sigma_cons	17.9584***	17.9835***	17.9803***	17.9343***	23.4504***	23.3621***	23.4601***	23.4000***	20.1029***	19.9897***	20.0824***	20.1151***
	(22.2077)	(22.2033)	(22.2044)	(22.2108)	(16.1366)	(16.1457)	(16.1353)	(16.1410)	(17.4727)	(17.4811)	(17.4760)	(17.4719)
N	1228	1228	1228	1228	1228	1228	1228	1228	1228	1228	1228	1228
p	0.0000	0.0000	0.0000	0.0000	0.0000	0.0000	0.0000	0.0000	0.0000	0.0000	0.0000	0.0000

注：括号内为 t 检验值，***、**、* 分别表示回归系数在1%、5%和10%的统计水平上显著。

表 A-4　　　　　　　　　**关于假设 2a 的稳健性检验结果**

（政治关联与政府环保补助）

	ensub_std			
	(1)	(2)	(3)	(4)
pr	1.3716 * (1.7975)			
pr_chirm		1.1305 * (1.8426)		
pr_ceo			-0.9326 (-1.3370)	
pr_inddr				0.6794 (0.9850)
size	3.7349 *** (12.5944)	3.7276 *** (12.5603)	3.7347 *** (12.5904)	3.7360 *** (12.5918)
pro	-21.1188 *** (-4.2719)	-21.4505 *** (-4.3340)	-21.2857 *** (-4.3024)	-21.0239 *** (-4.2477)
grow	-0.7411 (-1.0862)	-0.7572 (-1.1087)	-0.7259 (-1.0633)	-0.7371 (-1.0794)
top1_sther	-0.0195 (-0.8385)	-0.0199 (-0.8544)	-0.0190 (-0.8183)	-0.0195 (-0.8368)
spr	0.0058 (0.2110)	0.0061 (0.2238)	0.0062 (0.2273)	0.0053 (0.1929)
execu_hold	0.1036 ** (2.3873)	0.0990 ** (2.2737)	0.1107 ** (2.5440)	0.1037 ** (2.3857)
year_sn	0.5456 *** (3.6160)	0.5438 *** (3.6103)	0.5064 *** (3.3723)	0.5324 *** (3.5354)
cic_sn	0.0132 (0.1495)	0.0059 (0.0665)	-0.0008 (-0.0089)	0.0097 (0.1100)
_cons	-84.6035 *** (-13.2492)	-83.6388 *** (-13.1821)	-82.9294 *** (-13.0655)	-83.8567 *** (-13.1960)
sigma_cons	13.7227 *** (38.9467)	13.7228 *** (38.9480)	13.7260 *** (38.9465)	13.7290 *** (38.9454)
N	2827	2827	2827	2827
p	0.0000	0.0000	0.0000	0.0000

注：括号内为 t 检验值，***、**、* 分别表示回归系数在 1%、5% 和 10% 的统计水平上显著。

表 A – 5 关于假设 **2b** 的稳健性检验结果

（中央政治关联与政府环保补助）

	ensub_std			
	(1)	(2)	(3)	(4)
cpr	2.3013 (1.4184)			
cpr_chirm		1.2175 (1.3755)		
cpr_ceo			– 1.1986 (– 1.1371)	
cpr_inddr				1.6184 * (1.8317)
size	3.9840 *** (9.1460)	4.0184 *** (9.1955)	4.0393 *** (9.2513)	3.9595 *** (9.0510)
pro	– 22.2388 *** (– 3.1423)	– 22.3896 *** (– 3.1526)	– 21.8670 *** (– 3.0803)	– 22.0024 *** (– 3.1016)
grow	– 1.0130 (– 1.0340)	– 1.0701 (– 1.0861)	– 1.0552 (– 1.0721)	– 1.0292 (– 1.0481)
top1_sther	– 0.0037 (– 0.1123)	– 0.0043 (– 0.1297)	– 0.0060 (– 0.1792)	– 0.0027 (– 0.0795)
spr	0.0521 (1.3187)	0.0513 (1.2981)	0.0498 (1.2602)	0.0528 (1.3364)
execu_hold	0.0448 (0.7160)	0.0492 (0.7832)	0.0646 (1.0243)	0.0476 (0.7597)
year_sn	0.6025 *** (2.7279)	0.5276 ** (2.4235)	0.4739 ** (2.1869)	0.5697 *** (2.5871)
cic_sn	– 0.1710 (– 1.3072)	– 0.1942 (– 1.4865)	– 0.2042 (– 1.5635)	– 0.1792 (– 1.3702)
_cons	– 88.8661 *** (– 9.5432)	– 87.8738 *** (– 9.4285)	– 87.2654 *** (– 9.3566)	– 87.4192 *** (– 9.4075)
sigma_cons	13.5640 *** (27.4629)	13.5970 *** (27.4588)	13.6049 *** (27.4583)	13.5833 *** (27.4596)
N	1355	1355	1355	1355
p	0.0000	0.0000	0.0000	0.0000

注：括号内为 t 检验值，***、**、* 分别表示回归系数在 1%、5% 和 10% 的统计水平上显著。

表 A－6　　　　关于假设 2b 的稳健性检验结果
（地方政治关联与政府环保补助）

	ensub_std			
	(1)	(2)	(3)	(4)
lpr	0.2515 ** (2.2456)			
lpr_chirm		4.1731 ** (2.1159)		
lpr_ceo			5.4865 ** (2.3152)	
lpr_inddr				0.1582 (0.1572)
size	3.9195 *** (8.2457)	3.8908 *** (8.2214)	3.8776 *** (8.1806)	3.9199 *** (8.2481)
pro	－15.0050 ** (－2.0023)	－14.7221 ** (－1.9678)	－15.6326 ** (－2.0852)	－14.9481 ** (－1.9944)
grow	－0.4347 (－0.3704)	－0.3810 (－0.3256)	－0.3116 (－0.2649)	－0.4298 (－0.3661)
top1_sther	－0.0884 ** (－2.3063)	－0.0921 ** (－2.4040)	－0.0894 ** (－2.3394)	－0.0882 ** (－2.3022)
spr	0.0453 (1.0438)	0.0373 (0.8592)	0.0413 (0.9537)	0.0457 (1.0546)
execu_hold	0.0335 (0.4757)	0.0249 (0.3533)	0.0196 (0.2780)	0.0338 (0.4797)
year_sn	0.9065 *** (3.7515)	0.9500 *** (3.9292)	0.9206 *** (3.8233)	0.9103 *** (3.7665)
cic_sn	0.2991 ** (2.2226)	0.2796 ** (2.0838)	0.2705 ** (2.0096)	0.3019 ** (2.2444)
_cons	－92.6826 *** (－9.0426)	－91.5581 *** (－8.9991)	－91.1321 *** (－8.9453)	－93.0203 *** (－9.0850)
sigma_cons	14.2911 *** (24.1931)	14.2466 *** (24.1996)	14.2449 *** (24.2032)	14.2904 *** (24.1928)
N	1228	1228	1228	1228
p	0.0000	0.0000	0.0000	0.0000

注：括号内为 t 检验值，***、**、* 分别表示回归系数在 1%、5% 和 10% 的统计水平上显著。

表 A-7　　关于假设 3 的稳健性检验结果（政治关联 VS 非政治关联）

	政治关联企业			非政治关联企业		
	total_envst_std	cap_envst_std	exp_envst_std	total_envst_std	cap_envst_std	exp_envst_std
ensub_std	0.9389 *** (5.4700)	1.1590 *** (4.1935)	0.8950 *** (4.4446)	0.7635 ** (12.0172)	0.7757 ** (7.8686)	0.8226 *** (9.6761)
size	4.6766 *** (4.4144)	8.9473 *** (4.8983)	3.3556 *** (2.7493)	2.1011 *** (5.4929)	3.4798 *** (5.7848)	1.1764 ** (2.3238)
pro	−39.0835 ** (−2.1432)	−58.9321 *** (−3.9289)	−23.5366 (−1.1161)	−25.9048 *** (−4.1149)	−40.0909 *** (−4.0540)	−27.2582 *** (−3.2287)
grow	1.4816 (0.5896)	5.6042 (1.5334)	−1.9381 (−0.5490)	1.7869 ** (2.2399)	2.2754 * (1.8176)	1.1420 (1.0473)
top1_sther	−0.1751 ** (−2.1586)	−0.0694 (−0.5292)	−0.1861 ** (−1.9952)	0.0139 (0.4650)	0.0708 (1.5263)	−0.0257 (−0.6427)
spr	−0.3261 *** (−3.5685)	−0.1589 (−1.0986)	−0.3528 *** (−3.3189)	−0.0899 ** (−2.4533)	0.0181 (0.3200)	−0.1878 *** (−3.7786)
execu_hold	−0.0356 (−0.2248)	0.1309 (0.5202)	−0.0373 (−0.2001)	−0.0532 (−0.9594)	−0.1709 ** (−1.9741)	0.1041 (1.3989)
year_sn	−0.3477 (−0.6862)	−1.0191 (−1.2697)	−0.3675 (−0.6189)	−0.1852 (−0.9430)	−0.4230 (−1.3922)	−0.1366 (−0.5174)
cic_sn	−0.8780 *** (−2.9697)	−1.2333 ** (−2.5622)	−0.8053 ** (−2.3335)	−0.3939 *** (−3.3997)	−0.6063 *** (−3.3101)	−0.2877 * (−1.9027)
_cons	−85.0342 *** (−3.9757)	−91.8543 *** (−5.0300)	−61.9803 ** (−2.5233)	−44.3509 *** (−5.5590)	−85.8427 *** (−6.7692)	−33.6713 *** (−3.1860)
sigma_cons	16.7393 *** (12.7453)	21.4978 *** (9.1087)	18.3129 *** (10.9602)	15.9951 *** (34.0791)	21.4736 *** (24.6082)	18.8188 *** (26.3005)
N	2386	2386	2386	441	441	441
p	0.0000	0.0000	0.0000	0.0000	0.0000	0.0000

注：括号内为 t 检验值，***、**、* 分别表示回归系数在 1%、5% 和 10% 的统计水平上显著。

表 A-8 关于假设 3 的稳健性检验结果
（中央政治关联 VS 地方政治关联）

	中央政治关联企业			地方政治关联企业		
	total_envst_std	*cap_envst_std*	*exp_envst_std*	*total_envst_std*	*cap_envst_std*	*exp_envst_std*
ensub_std	0.8486 ***	0.8869 ***	0.8077 ***	0.6709 ***	0.8955 ***	0.6546 ***
	(9.3398)	(6.0769)	(6.7203)	(5.4121)	(4.7367)	(3.9690)
size	1.3330 **	2.4389 ***	1.3576 *	2.3711 ***	4.0669 ***	0.9516
	(2.3371)	(2.6702)	(1.7825)	(3.3465)	(3.6571)	(1.0296)
pro	-26.0441 ***	-54.9657 ***	-27.1002 **	-13.8111	-17.9621	-21.1335
	(-2.8799)	(-3.5340)	(-2.2643)	(-1.2636)	(-1.0966)	(-1.4344)
grow	3.0542 ***	3.3026 *	3.3097 **	-1.6066	-2.2983	-2.0279
	(2.8465)	(1.8201)	(2.3640)	(-0.8419)	(-0.7723)	(-0.7709)
top1_sther	0.1004 **	0.1826 ***	0.0049	-0.0946	-0.0741	-0.0302
	(2.3086)	(2.6523)	(0.0851)	(-1.6089)	(-0.8200)	(-0.3843)
spr	-0.1095 *	-0.0423	-0.1837 **	-0.0485	0.1204	-0.1299
	(-1.9360)	(-0.4609)	(-2.4471)	(-0.6863)	(1.1281)	(-1.3409)
execu_hold	-0.0512	-0.3779 ***	0.2620 **	-0.0130	0.0433	0.0876
	(-0.6348)	(-2.8992)	(2.4203)	(-0.1196)	(0.2596)	(0.6034)
year_sn	0.2325	0.1050	0.2058	-0.3183	-0.4999	-0.2817
	(0.7799)	(0.2200)	(0.5190)	(-0.8834)	(-0.9113)	(-0.5791)
cic_sn	-0.4747 ***	-0.3553	-0.5400 **	0.2651	0.2515	0.1685
	(-2.6151)	(-1.2444)	(-2.2414)	(1.3087)	(0.7848)	(0.6405)
_cons	-30.6007 **	-67.6806 ***	-36.2770 **	-55.5839 ***	-68.3652 ***	-35.8571 *
	(-2.5465)	(-3.5090)	(-2.2423)	(-3.7752)	(-4.5960)	(-1.8796)
sigma_cons	14.4288 ***	19.6424 ***	17.3616 ***	17.0548 ***	22.3251 ***	19.8187 ***
	(22.5785)	(16.0163)	(18.0482)	(18.3380)	(13.4523)	(13.7164)
N	914	914	914	787	787	787
p	0.0000	0.0000	0.0000	0.0000	0.0000	0.0000

注：括号内为 *t* 检验值，***、**、* 分别表示回归系数在 1%、5% 和 10% 的统计水平上显著。

附录 B 第 5 章实证分析稳健性检验结果

一、按第一种方式的稳健性检验结果

表 B－1 假设 1 实证结果的稳健性检验

	（1） *total_envst_std*	（2） *cap_envst_std*	（3） *exp_envst_std*
er	0. 3368 *** （3. 8965）	0. 4841 *** （3. 7167）	0. 2491 ** （2. 3458）
size	3. 3545 *** （9. 2165）	4. 8195 *** （8. 4341）	2. 5695 *** （5. 5446）
age	0. 1909 *** （2. 7949）	0. 1422 （1. 3399）	0. 2381 *** （2. 7447）
econ	－ 3. 0837 *** （－ 2. 7670）	1. 9457 （1. 1242）	－ 8. 8366 *** （－ 6. 1280）
egov	1. 7935 ** （2. 3342）	1. 0938 （0. 9263）	3. 9399 *** （3. 9050）
year_sn	0. 0884 （0. 3872）	－ 0. 4426 （－ 1. 2682）	0. 4905 * （1. 6727）
cic_sn	－ 0. 3876 *** （－ 3. 4577）	－ 0. 6163 *** （－ 3. 5267）	－ 0. 2897 ** （－ 2. 0464）
_cons	－ 65. 7005 *** （－ 4. 4662）	－ 76. 3521 *** （－ 6. 4372）	－ 29. 4535 （－ 1. 5971）
sigma_cons	17. 0947 *** （36. 1724）	22. 5418 *** （26. 1010）	19. 4955 *** （28. 3754）
N	2827	2827	2827
p	0. 0000	0. 0000	0. 0000

注：括号内为 *t* 检验值，***、**、* 分别表示回归系数在 1%、5% 和 10% 的统计水平上显著。

表 B - 2　　　　　　　　　假设 2a 实证结果的稳健性检验

	total_envst_std		cap_envst_std		exp_envst_std	
	(1)	(2)	(3)	(4)	(5)	(6)
pr	3.8524 ***	3.7712 ***	1.1296	1.0966	4.6154 ***	4.3943 **
	(3.4202)	(3.3375)	(0.8117)	(0.7865)	(2.6108)	(2.4832)
er	0.3424 ***		0.4952 ***		0.2500 **	
	(3.9704)		(3.8087)		(2.3545)	
size	3.3196 ***	3.3492 ***	4.7896 ***	4.8590 ***	2.5596 ***	2.5791 ***
	(9.1439)	(9.1939)	(8.3954)	(8.4767)	(5.5234)	(5.5591)
age	0.2058 ***	0.2003 ***	0.1592	0.1465	0.2427 ***	0.2384 ***
	(3.0138)	(2.9257)	(1.4989)	(1.3758)	(2.7927)	(2.7414)
econ	- 2.9574 ***	- 4.5700 ***	2.1099	- 0.3012	- 8.8035 ***	- 9.9289 ***
	(- 2.6589)	(- 4.3925)	(1.2196)	(- 0.1874)	(- 6.1045)	(- 7.2630)
egov	1.9892 ***	1.5862 **	1.3342	0.8236	3.9937 ***	3.6496 ***
	(2.5853)	(2.0752)	(1.1269)	(0.6978)	(3.9488)	(3.6522)
year_sn	0.1080	0.0942	- 0.4229	- 0.4558	0.4975 *	0.4846 *
	(0.4735)	(0.4106)	(- 1.2111)	(- 1.2956)	(1.6952)	(1.6467)
cic_sn	- 0.3787 ***	- 0.3778 ***	- 0.6043 ***	- 0.6072 ***	- 0.2876 **	- 0.2837 **
	(- 3.3816)	(- 3.3617)	(- 3.4574)	(- 3.4564)	(- 2.0307)	(- 2.0005)
_cons	- 72.6443 ***	- 50.0951 ***	- 76.8925 ***	- 74.9812 ***	- 31.4049 *	- 14.8040
	(- 4.8969)	(- 3.6522)	(- 6.7312)	(- 5.7796)	(- 1.6885)	(- 0.8588)
sigma_cons	17.0487 ***	17.1250 ***	22.5010 ***	22.6282 ***	19.4929 ***	19.5323 ***
	(36.1843)	(36.1706)	(26.1078)	(26.0936)	(28.3760)	(28.3705)
N	2827	2827	2827	2827	2827	2827
p	0.0000	0.0000	0.0000	0.0000	0.0000	0.0000

　　注：括号内为 t 检验值，*** 、** 、* 分别表示回归系数在 1% 、5% 和 10% 的统计水平上显著。

表 B－3 假设 2b 实证结果的稳健性检验

	total_envst_std		cap_envst_std		exp_envst_std	
	(1)	(2)	(3)	(4)	(5)	(6)
cpr	3.6188 *** (4.4578)	3.4581 *** (4.2502)	2.9507 ** (2.3700)	2.7461 ** (2.1992)	3.9083 *** (3.7536)	3.7958 *** (3.6440)
er	0.3552 *** (4.1272)		0.4970 *** (3.8229)		0.2662 ** (2.5187)	
size	3.2056 *** (8.8257)	3.2418 *** (8.8922)	4.7175 *** (8.2516)	4.7923 *** (8.3420)	2.4009 *** (5.1904)	2.4259 *** (5.2370)
age	0.2484 *** (3.5846)	0.2404 *** (3.4612)	0.1831 * (1.7042)	0.1685 (1.5642)	0.3054 *** (3.4547)	0.2988 *** (3.3794)
econ	－2.9804 *** (－2.6847)	－4.6539 *** (－4.4799)	1.9792 (1.1441)	－0.4327 (－0.2691)	－8.7297 *** (－6.0774)	－9.9327 *** (－7.2935)
egov	2.0287 *** (2.6445)	1.6053 ** (2.1064)	1.2870 (1.0883)	0.7784 (0.6599)	4.1636 *** (4.1356)	3.7960 *** (3.8158)
year_sn	0.1609 (0.7050)	0.1432 (0.6241)	－0.3758 (－1.0731)	－0.4147 (－1.1756)	0.5717 * (1.9457)	0.5557 * (1.8859)
cic_sn	－0.3715 *** (－3.3222)	－0.3713 *** (－3.3070)	－0.6038 *** (－3.4496)	－0.6071 *** (－3.4510)	－0.2752 * (－1.9467)	－0.2718 * (－1.9199)
_cons	－70.0428 *** (－4.7703)	－46.6232 *** (－3.4381)	－79.5134 *** (－6.5745)	－71.3041 *** (－5.5989)	－33.5249 * (－1.8230)	－15.8004 (－0.9283)
sigma_cons	17.0103 *** (36.1918)	17.0925 *** (36.1769)	22.5100 *** (26.1058)	22.6392 *** (26.0916)	19.4011 *** (28.3912)	19.4461 *** (28.3849)
N	2827	2827	2827	2827	2827	2827
p	0.0000	0.0000	0.0000	0.0000	0.0000	0.0000

注：括号内为 t 检验值，*** 、** 、* 分别表示回归系数在 1%、5% 和 10% 的统计水平上显著。

表 B－4　　　　　　　　假设 2c 实证结果的稳健性检验

	total_envst_std		cap_envst_std		exp_envst_std	
	(1)	(2)	(3)	(4)	(5)	(6)
lpr	－0.9296 (－1.1948)	－1.0591 (－1.3577)	0.4080 (0.3405)	0.1719 (0.1432)	－3.3380 *** (－3.3595)	－3.4478 *** (－3.4687)
er	0.3322 *** (3.8419)		0.4865 *** (3.7293)		0.2304 ** (2.1755)	
size	3.3403 *** (9.1770)	3.3658 *** (9.2175)	4.8259 *** (8.4405)	4.8894 *** (8.5119)	2.5070 *** (5.4259)	2.5221 *** (5.4531)
age	0.1913 *** (2.8027)	0.1864 *** (2.7240)	0.1429 (1.3461)	0.1309 (1.2301)	0.2445 *** (2.8265)	0.2409 *** (2.7837)
econ	－3.1398 *** (－2.8155)	－4.7075 *** (－4.5145)	1.9764 (1.1404)	－0.3929 (－0.2442)	－9.0273 *** (－6.2665)	－10.0712 *** (－7.3816)
egov	1.7343 ** (2.2545)	1.3391 * (1.7530)	1.1206 (0.9466)	0.6165 (0.5226)	3.7093 *** (3.6903)	3.3890 *** (3.4133)
year_sn	0.1082 (0.4729)	0.0971 (0.4226)	－0.4525 (－1.2919)	－0.4796 (－1.3597)	0.5602 * (1.9118)	0.5497 * (1.8712)
cic_sn	－0.3839 *** (－3.4252)	－0.3820 *** (－3.3964)	－0.6171 *** (－3.5312)	－0.6183 *** (－3.5198)	－0.2724 * (－1.9301)	－0.2681 * (－1.8969)
_cons	－63.6350 *** (－4.2998)	－41.6271 *** (－3.0464)	－76.9367 *** (－6.4256)	－70.6723 *** (－5.4715)	－21.7334 (－1.1744)	－6.2448 (－0.3649)
sigma_cons	17.0873 *** (36.1736)	17.1593 *** (36.1610)	22.5416 *** (26.1011)	22.6652 *** (26.0877)	19.4165 *** (28.3875)	19.4507 *** (28.3826)
N	2827	2827	2827	2827	2827	2827
p	0.0000	0.0000	0.0000	0.0000	0.0000	0.0000

　　注：括号内为 t 检验值，***、**、* 分别表示回归系数在 1%、5% 和 10% 的统计水平上显著。

表 B-5

假设 3 实证结果的稳健性检验

	total_envst_std (1)	cap_envst_std (2)	exp_envst_std (3)	total_envst_std (4)	cap_envst_std (5)	exp_envst_std (6)	total_envst_std (7)	cap_envst_std (8)	exp_envst_std (9)
er	0.7990*** (3.3001)	1.4173*** (3.9310)	0.5251* (1.7114)	0.6181*** (4.4519)	0.6710*** (3.1186)	0.5488*** (3.1188)	0.3336*** (3.2130)	0.5317*** (3.4553)	0.2830** (2.2777)
pr	3.8331*** (3.3980)	1.1108 (0.7978)	4.8920*** (2.7362)						
pr × er	-0.5034** (-2.0173)	-0.3007 (-0.9540)	-1.0182*** (-2.7447)						
cpr				3.7442*** (4.6013)	3.0407** (2.4347)	4.0804*** (3.9006)			
cpr × er				-0.3829** (-2.4123)	-0.2462 (-1.0136)	-0.3982** (-2.0009)			
lpr							-0.9290 (-1.1934)	0.4305 (0.3591)	-3.3023*** (-3.3222)
lpr × er							-0.0038 (-0.0248)	-0.1287 (-0.5498)	-0.1549 (-0.8028)
size	3.3031*** (9.1051)	4.7709*** (8.3767)	2.5488*** (5.5008)	3.1747*** (8.7455)	4.7042*** (8.2281)	2.3692*** (5.1237)	3.3401*** (9.1753)	4.8181*** (8.4285)	2.5005*** (5.4153)
age	0.2020*** (2.9582)	0.1503 (1.4158)	0.2402*** (2.7629)	0.2462*** (3.5533)	0.1811* (1.6843)	0.3051*** (3.4487)	0.1913*** (2.8014)	0.1409 (1.3277)	0.2428*** (2.8081)

续表

	total_envst_std (1)	cap_envst_std (2)	exp_envst_std (3)	total_envst_std (4)	cap_envst_std (5)	exp_envst_std (6)	total_envst_std (7)	cap_envst_std (8)	exp_envst_std (9)
econ	-2.9947*** (-2.6940)	2.0138 (1.1659)	-8.8118*** (-6.1106)	-2.9649*** (-2.6706)	1.9784 (1.1429)	-8.6907*** (-6.0456)	-3.1418*** (-2.8099)	1.8936 (1.0893)	-9.0089*** (-6.3078)
egov	1.9837*** (2.5796)	1.3419 (1.1342)	3.9974*** (3.9518)	2.2409*** (2.9001)	1.4271 (1.1976)	4.4168*** (4.3431)	1.7326** (2.2437)	1.0582 (0.8899)	3.6364*** (3.6056)
year_sn	0.1512 (0.6605)	-0.3389 (-0.9695)	0.5249* (1.7804)	0.1648 (0.7229)	-0.3715 (-1.0615)	0.5737* (1.9551)	0.1087 (0.4734)	-0.4354 (-1.2384)	0.5794** (1.9707)
cic_sn	-0.3776*** (-3.3752)	-0.5988*** (-3.4290)	-0.2873** (-2.0288)	-0.3774*** (-3.3762)	-0.6052*** (-3.4581)	-0.2822** (-1.9954)	-0.3840*** (-3.4245)	-0.6209*** (-3.5497)	-0.2753* (-1.9508)
_cons	-71.9735*** (-4.8562)	-77.3951*** (-6.7132)	-31.2295* (-1.6795)	-72.5260*** (-4.9271)	-78.9267*** (-6.6245)	-36.8441** (-1.9946)	-63.5883*** (-4.2624)	-76.9213*** (-6.2854)	-19.8775 (-1.0666)
sigma_cons	17.0286*** (36.1886)	22.4406*** (26.1162)	19.4860*** (28.3770)	16.9894*** (36.1978)	22.5048*** (26.1070)	19.3827*** (28.3953)	17.0872*** (36.1730)	22.5381*** (26.1010)	19.4079*** (28.3867)
N	2827	2827	2827	2827	2827	2827	2827	2827	2827
p	0.0000	0.0000	0.0000	0.0000	0.0000	0.0000	0.0000	0.0000	0.0000

注: 括号内为 t 检验值。***、**、* 分别表示回归系数在 1%、5% 和 10% 的统计水平上显著。

二、按第二种方式的稳健性检验结果

表 B-6　　　　特定环境规制条件下民营企业董事长
政治关联与企业环保投资

	total_envst_std		cap_envst_std		exp_envst_std	
	(1)	(2)	(3)	(4)	(5)	(6)
pr_chirm	0.0011 * (1.9574)	0.0009 * (1.6748)	0.0003 (0.1433)	0.0001 (0.3801)	0.0007 *** (4.5164)	0.0007 *** (4.3032)
er	0.0002 *** (3.1717)		0.0003 *** (2.9102)		0.0000 *** (2.6509)	
size	0.0022 *** (8.3518)	0.0022 *** (8.4305)	0.0035 *** (8.1425)	0.0035 *** (8.2408)	0.0003 *** (3.8052)	0.0003 *** (3.8747)
age	0.0001 * (1.8816)	0.0001 * (1.7748)	0.0000 (0.5974)	0.0000 (0.4719)	0.0000 *** (3.0910)	0.0000 *** (3.0029)
econ	−0.0005 (−0.6004)	−0.0014 * (−1.8935)	0.0021 (1.5802)	0.0007 (0.5473)	−0.0009 *** (−3.8764)	−0.0011 *** (−5.0535)
egov	0.0005 (0.9380)	0.0003 (0.5332)	0.0000 (0.0497)	−0.0002 (−0.2736)	0.0005 *** (3.0575)	0.0004 *** (2.7135)
year_sn	−0.0002 (−1.1375)	−0.0002 (−1.1987)	−0.0005 ** (−1.9873)	−0.0005 ** (−2.0618)	0.0001 (1.1146)	0.0000 (1.0573)
cic_sn	−0.0002 *** (−2.9268)	−0.0002 *** (−2.9119)	−0.0004 *** (−2.9646)	−0.0004 *** (−2.9631)	−0.0001 *** (−2.8013)	−0.0001 *** (−2.7651)
_cons	−0.0518 *** (−4.9730)	−0.0391 *** (−4.0708)	−0.1060 *** (−6.0743)	−0.0874 *** (−5.4130)	−0.0060 ** (−2.0584)	−0.0031 (−1.1376)
sigma_cons	0.0117 *** (40.4319)	0.0117 *** (40.4191)	0.0166 *** (29.1380)	0.0166 *** (29.1362)	0.0030 *** (31.2272)	0.0030 *** (31.2117)
N	2827	2827	2827	2827	2827	2827
p	0.0000	0.0000	0.0000	0.0000	0.0000	0.0000

注：括号内为 t 检验值，***、**、*分别表示回归系数在1%、5%和10%的统计水平上显著。

表 B – 7　　　　　特定环境规制条件下民营企业董事长
中央政治关联与企业环保投资

	total_envst_std		cap_envst_std		exp_envst_std	
	(1)	(2)	(3)	(4)	(5)	(6)
cpr_chirm	0.0013 ** (2.3186)	0.0012 ** (2.1447)	0.0012 (1.3146)	0.0011 (1.1679)	0.0005 *** (2.7366)	0.0004 *** (2.6249)
er	0.0002 *** (3.1315)		0.0003 *** (2.9938)		0.0000 ** (2.3886)	
size	0.0021 *** (8.3001)	0.0022 *** (8.3693)	0.0035 *** (8.0208)	0.0035 *** (8.1156)	0.0003 *** (3.9539)	0.0003 *** (4.0075)
age	0.0001 ** (2.0590)	0.0001 ** (1.9630)	0.0001 (0.8910)	0.0001 (0.7736)	0.0000 *** (2.9150)	0.0000 *** (2.8448)
econ	− 0.0004 (− 0.5623)	− 0.0013 * (− 1.8375)	0.0021 (1.6268)	0.0007 (0.5670)	− 0.0009 *** (− 3.8752)	− 0.0011 *** (− 4.9657)
egov	0.0005 (0.9037)	0.0003 (0.5185)	0.0002 (0.1753)	− 0.0001 (− 0.1415)	0.0004 *** (2.7786)	0.0004 ** (2.4771)
year_sn	− 0.0002 (− 1.0935)	− 0.0002 (− 1.1581)	− 0.0005 * (− 1.9602)	− 0.0005 ** (− 2.0416)	0.0001 (1.1660)	0.0001 (1.1127)
cic_sn	− 0.0002 *** (− 2.9953)	− 0.0002 *** (− 2.9739)	− 0.0004 *** (− 2.9779)	− 0.0004 *** (− 2.9732)	− 0.0001 *** (− 2.9255)	− 0.0001 *** (− 2.8899)
_cons	− 0.0517 *** (− 4.9674)	− 0.0393 *** (− 4.0855)	− 0.1079 *** (− 6.1826)	− 0.0890 *** (− 5.5011)	− 0.0054 * (− 1.8566)	− 0.0028 (− 1.0295)
sigma_cons	0.0117 *** (40.4381)	0.0117 *** (40.4251)	0.0166 *** (29.1386)	0.0166 *** (29.1362)	0.0030 *** (31.1953)	0.0030 *** (31.1834)
N	2827	2827	2827	2827	2827	2827
p	0.0000	0.0000	0.0000	0.0000	0.0000	0.0000

注：括号内为 t 检验值，*** 、** 、* 分别表示回归系数在 1% 、5% 和 10% 的统计水平上显著。

表 B-8　　　　　特定环境规制条件下民营企业董事长

地方政治关联与企业环保投资

	total_envst_std		cap_envst_std		exp_envst_std	
	(1)	(2)	(3)	(4)	(5)	(6)
lpr_chirm	-0.0008 (-0.6287)	-0.0010 (-0.8582)	-0.0074*** (-3.1424)	-0.0078*** (-3.3223)	0.0012*** (3.8176)	0.0011*** (3.6089)
er	0.0002*** (2.9449)		0.0003*** (2.6816)		0.0000** (2.5713)	
size	0.0022*** (8.5407)	0.0022*** (8.5870)	0.0035*** (8.1245)	0.0035*** (8.1957)	0.0003*** (4.2670)	0.0003*** (4.3114)
age	0.0001 (1.6263)	0.0001 (1.5982)	0.0001 (0.9254)	0.0001 (0.8619)	0.0000* (1.7891)	0.0000* (1.7699)
econ	-0.0005 (-0.6565)	-0.0014* (-1.8510)	0.0021 (1.6424)	0.0009 (0.7152)	-0.0009*** (-4.1513)	-0.0011*** (-5.2839)
egov	0.0004 (0.6970)	0.0002 (0.3275)	-0.0001 (-0.0971)	-0.0003 (-0.3839)	0.0005*** (2.9766)	0.0004*** (2.6390)
year_sn	-0.0002 (-1.1119)	-0.0002 (-1.1590)	-0.0005* (-1.8826)	-0.0005* (-1.9496)	0.0000 (0.9777)	0.0000 (0.9331)
cic_sn	-0.0002*** (-3.0093)	-0.0002*** (-3.0055)	-0.0004*** (-3.1344)	-0.0004*** (-3.1441)	-0.0001*** (-2.6078)	-0.0001** (-2.5774)
_cons	-0.0497*** (-4.7820)	-0.0380*** (-3.9605)	-0.1043*** (-5.9985)	-0.0874*** (-5.4203)	-0.0055* (-1.8770)	-0.0026 (-0.9754)
sigma_cons	0.0117*** (40.4334)	0.0117*** (40.4225)	0.0165*** (29.1615)	0.0166*** (29.1574)	0.0030*** (31.2112)	0.0030*** (31.1967)
N	2827	2827	2827	2827	2827	2827
p	0.0000	0.0000	0.0000	0.0000	0.0000	0.0000

注：括号内为 t 检验值，***、**、*分别表示回归系数在1%、5%和10%的统计水平上显著。

表 B－9　　　　环境规制对民营企业董事长政治关联与
环保投资关系的调节效应

	（1） total_envst_std	（2） cap_envst_std	（3） exp_envst_std
pr_chirm	0.0015 * （1.7886）	0.0002 （0.1423）	0.0007 ** （2.5753）
er	0.0002 ** （2.5226）	0.0003 * （1.8973）	0.0000 * （1.7942）
pr_chirm × er	－ 0.0003 ** （－2.4946）	－ 0.0000 （－0.0756）	－ 0.0002 * （－1.8230）
size	0.0021 *** （8.3308）	0.0035 *** （8.1407）	0.0003 *** （3.8011）
age	0.0001 * （1.8779）	0.0000 （0.5979）	0.0000 *** （3.0907）
econ	－ 0.0004 （－0.5712）	0.0021 （1.5731）	－ 0.0009 *** （－3.8618）
egov	0.0006 （1.0023）	0.0000 （0.0381）	0.0005 *** （3.0303）
year_sn	－ 0.0002 （－1.1393）	－ 0.0005 ** （－1.9874）	0.0001 （1.1141）
cic_sn	－ 0.0002 *** （－2.9271）	－ 0.0004 *** （－2.9654）	－ 0.0001 *** （－2.8016）
_cons	－ 0.0526 *** （－4.9918）	－ 0.1058 *** （－6.0036）	－ 0.0060 ** （－2.0447）
sigma_cons	0.0117 *** （40.4322）	0.0166 *** （29.1367）	0.0030 *** （31.2262）
N	2827	2827	2827
p	0.0000	0.0000	0.0000

注：括号内为 t 检验值，***、**、* 分别表示回归系数在 1%、5% 和 10% 的统计水平上显著。

表 B – 10   环境规制对民营企业董事长中央政治关联
与环保投资关系的调节效应

	（1） total_envst_std	（2） cap_envst_std	（3） exp_envst_std
cpr_chirm	0. 0014 ** (2. 3408)	0. 0011 * (1. 7468)	0. 0001 ** (2. 3489)
er	0. 0002 ** (2. 2238)	0. 0003 ** (1. 9632)	0. 0000 * (1. 8197)
cpr_chirm × er	− 0. 0001 * (− 1. 8393)	− 0. 0000 (− 0. 1169)	− 0. 0000 (− 1. 4808)
size	0. 0021 *** (8. 2920)	0. 0035 *** (8. 0186)	0. 0003 *** (4. 0010)
age	0. 0001 ** (2. 0593)	0. 0001 (0. 8895)	0. 0000 *** (2. 8761)
econ	− 0. 0004 (− 0. 5569)	0. 0021 (1. 6127)	− 0. 0009 *** (− 4. 0124)
egov	0. 0005 (0. 8999)	0. 0001 (0. 1562)	0. 0004 ** (2. 5377)
year_sn	− 0. 0002 (− 1. 0942)	− 0. 0005 * (− 1. 9575)	0. 0001 (1. 2132)
cic_sn	− 0. 0002 *** (− 2. 9952)	− 0. 0004 *** (− 2. 9792)	− 0. 0001 *** (− 2. 9302)
_cons	− 0. 0517 *** (− 4. 9144)	− 0. 1076 *** (− 6. 0948)	− 0. 0046 (− 1. 5605)
sigma_cons	0. 0117 *** (40. 4381)	0. 0166 *** (29. 1364)	0. 0030 *** (31. 1988)
N	2827	2827	2827
p	0. 0000	0. 0000	0. 0000

注：括号内为 t 检验值，*** 、** 、* 分别表示回归系数在 1% 、5% 和 10% 的统计水平上显著。

表 B – 11　　　　　　环境规制对民营企业董事长地方政治关联
与环保投资关系的调节效应

	（1） *total_envst_std*	（2） *cap_envst_std*	（3） *exp_envst_std*
lpr_chirm	0. 0025 （1. 0904）	0. 0053 （0. 9393）	0. 0024 *** （4. 0979）
er	0. 0002 *** （3. 1353）	0. 0003 *** （2. 8935）	0. 0000 *** （2. 8992）
lpr_chirm × er	− 0. 0005 （− 1. 6399）	− 0. 0025 ** （− 2. 2420）	− 0. 0002 ** （− 2. 4334）
size	0. 0022 *** （8. 5583）	0. 0035 *** （8. 1577）	0. 0003 *** （4. 3019）
age	0. 0001 （1. 5980）	0. 0001 （0. 8333）	0. 0000 * （1. 7336）
econ	− 0. 0006 （− 0. 7856）	0. 0019 （1. 4725）	− 0. 0010 *** （− 4. 3605）
egov	0. 0004 （0. 6833）	− 0. 0001 （− 0. 1403）	0. 0005 *** （2. 9661）
year_sn	− 0. 0002 （− 0. 9569）	− 0. 0004 * （− 1. 6840）	0. 0001 （1. 2265）
cic_sn	− 0. 0002 *** （− 3. 0783）	− 0. 0004 *** （− 3. 1674）	− 0. 0001 *** （− 2. 7348）
_cons	− 0. 0486 *** （− 4. 6700）	− 0. 1020 *** （− 5. 8477）	− 0. 0050 * （− 1. 6994）
sigma_cons	0. 0117 *** （40. 4383）	0. 0165 *** （29. 1679）	0. 0030 *** （31. 2264）
N	2827	2827	2827
p	0. 0000	0. 0000	0. 0000

　　注：括号内为 t 检验值，*** 、** 、* 分别表示回归系数在 1% 、5% 和 10% 的统计水平上显著。

三、按第三种方式的稳健性检验结果

表 B – 12　　　　　**假设 1 实证结果的稳健性检验**

	(1) *total_envst_std*	(2) *cap_envst_std*	(3) *exp_envst_std*
er	0. 0002 *** (3. 0036)	0. 0003 *** (2. 9312)	0. 0000 ** (2. 2580)
size	0. 0022 *** (8. 5460)	0. 0035 *** (8. 1547)	0. 0003 *** (4. 2453)
age	0. 0001 (1. 5644)	0. 0001 (0. 6295)	0. 0000 ** (2. 3016)
econ	– 0. 0005 (– 0. 6695)	0. 0021 (1. 5842)	– 0. 0009 *** (– 4. 0202)
egov	0. 0004 (0. 7440)	0. 0001 (0. 0651)	0. 0004 *** (2. 6450)
year_sn	– 0. 0002 (– 1. 1372)	– 0. 0005 ** (– 1. 9867)	0. 0001 (1. 1178)
cic_sn	– 0. 0002 *** (– 2. 9727)	– 0. 0004 *** (– 2. 9627)	– 0. 0001 *** (– 2. 8773)
_cons	– 0. 0500 *** (– 4. 8169)	– 0. 1062 *** (– 6. 1099)	– 0. 0050 * (– 1. 6965)
sigma_cons	0. 0117 *** (40. 4334)	0. 0166 *** (29. 1389)	0. 0030 *** (31. 1769)
N	2827	2827	2827
p	0. 0000	0. 0000	0. 0000

注：括号内为 *t* 检验值，***、**、* 分别表示回归系数在 1%、5% 和 10% 的统计水平上显著。

表 B - 13　　　　　　　　　　假设 2a 实证结果的稳健性检验

	total_envst_std		cap_envst_std		exp_envst_std	
	(1)	(2)	(3)	(4)	(5)	(6)
pr	0.0007 *** (2.9030)	0.0007 *** (2.7743)	0.0007 * (1.8826)	0.0007 * (1.7775)	0.0002 ** (2.2601)	0.0001 ** (2.1863)
er	0.0002 *** (3.1253)		0.0003 *** (2.9980)		0.0000 ** (2.3310)	
size	0.0022 *** (8.3568)	0.0022 *** (8.4164)	0.0035 *** (8.0625)	0.0035 *** (8.1493)	0.0003 *** (4.0751)	0.0003 *** (4.1211)
age	0.0001 * (1.9018)	0.0001 * (1.8284)	0.0001 (0.8039)	0.0001 (0.7037)	0.0000 *** (2.5925)	0.0000 ** (2.5390)
econ	-0.0006 (-0.7271)	-0.0015 ** (-2.0023)	0.0020 (1.5215)	0.0006 (0.4569)	-0.0009 *** (-4.0525)	-0.0011 *** (-5.1223)
egov	0.0005 (0.9169)	0.0003 (0.5321)	0.0002 (0.1760)	-0.0001 (-0.1399)	0.0004 *** (2.7657)	0.0004 ** (2.4694)
year_sn	-0.0001 (-0.8339)	-0.0001 (-0.9041)	-0.0005 * (-1.7697)	-0.0005 * (-1.8559)	0.0001 (1.3391)	0.0001 (1.2849)
cic_sn	-0.0002 *** (-2.7461)	-0.0002 *** (-2.7369)	-0.0004 *** (-2.8127)	-0.0004 *** (-2.8189)	-0.0001 *** (-2.7204)	-0.0001 *** (-2.6924)
_cons	-0.0519 *** (-4.9937)	-0.0395 *** (-4.1161)	-0.1082 *** (-6.2088)	-0.0892 *** (-5.5283)	-0.0054 * (-1.8303)	-0.0028 (-1.0221)
sigma_cons	0.0117 *** (40.4404)	0.0117 *** (40.4274)	0.0166 *** (29.1428)	0.0166 *** (29.1409)	0.0030 *** (31.1871)	0.0030 *** (31.1759)
N	2827	2827	2827	2827	2827	2827
p	0.0000	0.0000	0.0000	0.0000	0.0000	0.0000

注：括号内为 t 检验值，*** 、** 、* 分别表示回归系数在 1%、5% 和 10% 的统计水平上显著。

表 B – 14 假设 2b 实证结果的稳健性检验

	total_envst_std		cap_envst_std		exp_envst_std	
	(1)	(2)	(3)	(4)	(5)	(6)
cpr	0.0005 *** (3.5725)	0.0005 *** (3.4307)	0.0006 ** (2.4992)	0.0006 ** (2.3801)	0.0001 *** (3.2626)	0.0001 *** (3.1695)
er	0.0002 *** (3.1685)		0.0003 *** (3.0324)		0.0000 ** (2.3909)	
size	0.0021 *** (8.3237)	0.0022 *** (8.3847)	0.0035 *** (8.0383)	0.0035 *** (8.1266)	0.0003 *** (4.0196)	0.0003 *** (4.0680)
age	0.0001 ** (2.1568)	0.0001 ** (2.0739)	0.0001 (0.9799)	0.0001 (0.8724)	0.0000 *** (2.8814)	0.0000 *** (2.8188)
econ	– 0.0005 (– 0.6535)	– 0.0014 * (– 1.9490)	0.0020 (1.5596)	0.0006 (0.4792)	– 0.0009 *** (– 3.9780)	– 0.0011 *** (– 5.0773)
egov	0.0005 (0.9265)	0.0003 (0.5410)	0.0002 (0.2082)	– 0.0001 (– 0.1056)	0.0004 *** (2.7868)	0.0004 ** (2.4863)
year_sn	– 0.0001 (– 0.7796)	– 0.0001 (– 0.8533)	– 0.0005 * (– 1.7003)	– 0.0005 * (– 1.7920)	0.0001 (1.4163)	0.0001 (1.3583)
cic_sn	– 0.0002 *** (– 2.7726)	– 0.0002 *** (– 2.7615)	– 0.0004 *** (– 2.8180)	– 0.0004 *** (– 2.8245)	– 0.0001 *** (– 2.7362)	– 0.0001 *** (– 2.7074)
_cons	– 0.0523 *** (– 5.0386)	– 0.0397 *** (– 4.1464)	– 0.1089 *** (– 6.2555)	– 0.0898 *** (– 5.5652)	– 0.0056 * (– 1.8999)	– 0.0029 (– 1.0724)
sigma_cons	0.0117 *** (40.4593)	0.0117 *** (40.4453)	0.0166 *** (29.1530)	0.0166 *** (29.1519)	0.0030 *** (31.2041)	0.0030 *** (31.1921)
N	2827	2827	2827	2827	2827	2827
p	0.0000	0.0000	0.0000	0.0000	0.0000	0.0000

注：括号内为 t 检验值，***、**、* 分别表示回归系数在 1%、5% 和 10% 的统计水平上显著。

表 B − 15 假设 2c 实证结果的稳健性检验

	total_envst_std		cap_envst_std		exp_envst_std	
	(1)	(2)	(3)	(4)	(5)	(6)
lpr	− 0. 0000 (− 0. 0247)	− 0. 0001 (− 0. 1341)	0. 0002 (0. 2820)	0. 0001 (0. 1921)	− 0. 0000 (− 0. 4462)	− 0. 0001 (− 0. 5291)
er	0. 0002 *** (3. 0007)		0. 0003 *** (2. 9385)		0. 0000 ** (2. 2397)	
size	0. 0022 *** (8. 5392)	0. 0022 *** (8. 5931)	0. 0035 *** (8. 1349)	0. 0035 *** (8. 2199)	0. 0003 *** (4. 2535)	0. 0003 *** (4. 2946)
age	0. 0001 (1. 5643)	0. 0001 (1. 5126)	0. 0001 (0. 6258)	0. 0000 (0. 5383)	0. 0000 ** (2. 3211)	0. 0000 ** (2. 2835)
econ	− 0. 0005 (− 0. 6699)	− 0. 0014 * (− 1. 9017)	0. 0021 (1. 5964)	0. 0007 (0. 5535)	− 0. 0009 *** (− 4. 0356)	− 0. 0011 *** (− 5. 0796)
egov	0. 0004 (0. 7377)	0. 0002 (0. 3670)	0. 0001 (0. 0935)	− 0. 0002 (− 0. 2165)	0. 0004 *** (2. 5896)	0. 0004 ** (2. 3021)
year_sn	− 0. 0002 (− 1. 1374)	− 0. 0002 (− 1. 1954)	− 0. 0005 ** (− 1. 9852)	− 0. 0005 ** (− 2. 0607)	0. 0001 (1. 1140)	0. 0000 (1. 0669)
cic_sn	− 0. 0002 *** (− 2. 9726)	− 0. 0002 *** (− 2. 9541)	− 0. 0004 *** (− 2. 9532)	− 0. 0004 *** (− 2. 9510)	− 0. 0001 *** (− 2. 8821)	− 0. 0001 *** (− 2. 8495)
_cons	− 0. 0499 *** (− 4. 7748)	− 0. 0380 *** (− 3. 9304)	− 0. 1069 *** (− 6. 0933)	− 0. 0882 *** (− 5. 4253)	− 0. 0048 (− 1. 6186)	− 0. 0023 (− 0. 8311)
sigma_cons	0. 0117 *** (40. 4334)	0. 0117 *** (40. 4213)	0. 0166 *** (29. 1387)	0. 0166 *** (29. 1360)	0. 0030 *** (31. 1757)	0. 0030 *** (31. 1654)
N	2827	2827	2827	2827	2827	2827
p	0. 0000	0. 0000	0. 0000	0. 0000	0. 0000	0. 0000

注：括号内为 t 检验值，***、**、* 分别表示回归系数在 1%、5% 和 10% 的统计水平上显著。

表 B-16

假设 3 实证结果的稳健性检验

| | total_envst_std | cap_envst_std | exp_envst_std | total_envst_std | cap_envst_std | exp_envst_std | total_envst_std | cap_envst_std | exp_envst_std |
	(1)	(2)	(3)	(4)	(5)	(6)	(7)	(8)	(9)
er	0.0004*** (3.1478)	0.0005** (2.4643)	0.0001 (1.5631)	0.0003*** (3.0871)	0.0004** (2.2076)	0.0001** (2.2301)	0.0003*** (2.7768)	0.0004* (1.8862)	0.0001** (2.3735)
pr	0.0007*** (2.9275)	0.0007* (1.9133)	0.0002** (2.2770)						
pr × er	-0.0001* (-1.9185)	-0.0001 (-1.2333)	-0.0000 (-0.5765)						
cpr				0.0005*** (3.6655)	0.0006** (2.5326)	0.0001*** (3.3330)			
cpr × er				-0.0002** (-2.4845)	-0.0000 (-0.5559)	-0.0000 (-1.0339)			
lpr							-0.0000 (-0.0890)	0.0002 (0.2694)	-0.0001 (-0.4788)
lpr × er							-0.0001 (-1.3970)	-0.0001 (-0.4045)	-0.0000 (-1.4091)
size	0.0021*** (8.3470)	0.0035*** (8.0740)	0.0003*** (4.0656)	0.0021*** (8.2778)	0.0034*** (8.0284)	0.0003*** (3.9802)	0.0022*** (8.5411)	0.0035*** (8.1332)	0.0003*** (4.2737)

续表

	total_envst_std (1)	cap_envst_std (2)	exp_envst_std (3)	total_envst_std (4)	cap_envst_std (5)	exp_envst_std (6)	total_envst_std (7)	cap_envst_std (8)	exp_envst_std (9)
age	0.0001* (1.9003)	0.0001 (0.8082)	0.0000*** (2.5943)	0.0001** (2.1359)	0.0001 (0.9689)	0.0000*** (2.8778)	0.0001 (1.5643)	0.0001 (0.6283)	0.0000** (2.3105)
econ	-0.0006 (-0.7142)	0.0020 (1.5251)	-0.0009*** (-4.0417)	-0.0005 (-0.6973)	0.0020 (1.5357)	-0.0009*** (-3.9929)	-0.0005 (-0.6579)	0.0021 (1.6062)	-0.0009*** (-4.0285)
egov	0.0006 (1.0139)	0.0002 (0.2382)	0.0004*** (2.7926)	0.0006 (1.1116)	0.0003 (0.2800)	0.0005*** (2.8960)	0.0004 (0.7937)	0.0001 (0.1057)	0.0004*** (2.6687)
year_sn	-0.0001 (-0.7947)	-0.0005* (-1.7364)	0.0001 (1.3517)	-0.0001 (-0.7864)	-0.0005* (-1.6994)	0.0001 (1.4085)	-0.0002 (-1.1149)	-0.0005** (-1.9762)	0.0001 (1.1293)
cic_sn	-0.0002*** (-2.7358)	-0.0004*** (-2.7974)	-0.0001*** (-2.7173)	-0.0002*** (-2.8269)	-0.0004*** (-2.8322)	-0.0001*** (-2.7770)	-0.0002*** (-2.8955)	-0.0004*** (-2.9244)	-0.0001*** (-2.8050)
_cons	-0.0528*** (-5.0692)	-0.1092*** (-6.2571)	-0.0055* (-1.8580)	-0.0532*** (-5.1093)	-0.1094*** (-6.2741)	-0.0058* (-1.9634)	-0.0505*** (-4.8291)	-0.1072*** (-6.1068)	-0.0050* (-1.7037)
sigma_cons	0.0117*** (40.4471)	0.0166*** (29.1471)	0.0030*** (31.1870)	0.0117*** (40.4622)	0.0166*** (29.1538)	0.0030*** (31.2030)	0.0117*** (40.4380)	0.0166*** (29.1380)	0.0030*** (31.1807)
N	2827	2827	2827	2827	2827	2827	2827	2827	2827
p	0.0000	0.0000	0.0000	0.0000	0.0000	0.0000	0.0000	0.0000	0.0000

注：括号内为 t 检验值，***、**、* 分别表示回归系数在 1%、5% 和 10% 的统计水平上显著。

参考文献

[1] 宝贡敏. 以知识为基础的竞争战略——论我国高技术企业的战略管理基本模式 [J]. 南开管理评论, 2001 (2): 40-43.

[2] 毕茜, 于连超. 环境税的企业绿色投资效应研究——基于面板分位数回归的实证研究 [J]. 中国人口·资源与环境, 2016 (3): 76-82.

[3] 蔡宏波, 何佳俐. 政治关联与企业环保治污——来自中国私营企业调查的证据 [J]. 北京师范大学学报 (社会科学版), 2019 (3): 124-138.

[4] 蔡庆丰, 田霖, 郭俊峰. 民营企业家的影响力与企业的异地并购——基于中小板企业实际控制人政治关联层级的实证发现 [J]. 中国工业经济, 2017 (3): 156-173.

[5] 曹春方, 傅超. 官员任期与地方国企捐赠: 官员会追求"慈善"吗? [J]. 财经研究, 2015 (4): 122-133.

[6] 陈德球, 金雅玲, 董志勇. 政策不确定性、政治关联与企业创新效率 [J]. 南开管理评论, 2016 (4): 27-35.

[7] 陈东, 陈爱贞. GVC 嵌入、政治关联与环保投资——来自中国民营企业的证据 [J]. 山西财经大学学报, 2018 (2): 69-83.

[8] 陈冬华. 地方政府、公司治理与补贴收入——来自我国证券市场的经验证据 [J]. 财经研究, 2003 (9): 15-21.

[9] 陈君. 促进环保投资发展的财政政策取向 [J]. 经济研究参考, 2002 (95): 15-16.

[10] 陈丽蓉, 陶怀轮. 终极所有权性质、政治关联与并购长期绩效 [J]. 财会月刊, 2011 (36): 5-8.

[11] 陈琪. 环境规制企业环保投资与企业价值 [M]. 北京: 经济科学出版社, 2014.

[12] 陈舜友. 基于环境投资的企业模式选择 [J]. 华东经济管理, 2006 (9): 15-17.

[13] 邓建平,曾勇.政治关联能改善民营企业的经营绩效吗?[J].中国工业经济,2009(2):98-108.

[14] 董直庆,焦翠红,王芳玲.环境规制陷阱与技术进步方向转变效应检验[J].上海财经大学学报,2015(3):68-78.

[15] 杜雯翠.环保投资、环境技术与环保产业发展——来自环保类上市公司的经验证据[J].北京理工大学学报(社会科学版),2013(3):47-53.

[16] 杜兴强,曾泉,杜颖洁.政治联系、过度投资与公司价值——基于国有上市公司的经验证据[J].金融研究,2011(8):93-110.

[17] 杜兴强,郭剑花,雷宇.政治联系方式与民营企业捐赠:度量方法与经验证据[J].财贸研究,2010(1):89-99.

[18] 杜勇,陈建英.政治关联、慈善捐赠与政府补助——来自中国亏损上市公司的经验证据[J].财经研究,2016(5):4-14.

[19] 封思贤,蒋伏心,肖泽磊.企业政治关联行为研究述评与展望[J].外国经济与管理,2012(12):63-70.

[20] 冯延超.政治关联成本与企业效率研究[D].[博士学位论文].中南大学,2011.

[21] 付朝干,李增福.腐败治理动了政治关联企业的"奶酪"吗?——基于避税的视角[J].经济社会体制比较,2018(5):127-134.

[22] 高麟,胡立新.区域经济增长、政府环保投入与企业环保投资研究——以京津冀地区上市公司为例[J].商业会计,2017(1):16-19.

[23] 韩超,张伟广,冯展斌.环境规制如何"去"资源错配——基于中国首次约束性污染控制的分析[J].中国工业经济,2017(4):115-134.

[24] 侯一明.环境规制对中国工业集聚的影响研究[D].[博士学位论文].吉林大学,2016.

[25] 胡国柳,周遂.政治关联、过度自信与非效率投资[J].财经理论与实践,2012(6):37-42.

[26] 胡旭阳.民营企业的政治关联及其经济效应分析[J].经济理论与经济管理,2010(2):74-79.

[27] 胡旭阳.民营企业家的政治身份与民营企业的融资便利——以浙江省民营百强企业为例[J].管理世界,2006(5):107-113.

[28] 黄新建,刘玉婷.政治关联、特许经营权与经营业绩[J].软科学,

2019 (2): 75 - 80.

[29] 贾明, 张喆. 高管的政治关联影响公司慈善行为吗? [J]. 管理世界, 2010 (4): 99 - 113.

[30] 姜英兵, 崔广慧. 环保产业政策对企业环保投资的影响: 基于重污染上市公司的经验证据 [J]. 改革, 2019 (2): 87 - 101.

[31] 蒋洪强. 环保投资对经济作用的机理与贡献度模型 [J]. 系统工程理论与实践, 2004 (12): 8 - 12.

[32] 颉茂华, 刘艳霞, 王晶. 企业环境管理信息披露现状、评价与建议——基于72家上市公司2010年报环境管理信息披露的分析 [J]. 中国人口·资源与环境, 2013 (2): 136 - 143.

[33] 颉茂华, 王媛媛. 能源类企业环境保护投资效率评价 [J]. 煤炭经济研究, 2011 (4): 32 - 36.

[34] [美] 兰德尔. 资源经济学——从经济角度对自然资源和环境政策的探讨 [M]. 施以正, 译. 北京: 商务印书馆, 1989.

[35] 雷倩华, 罗党论, 王珏. 环保监管、政治关联与企业价值——基于中国上市公司的经验证据 [J]. 山西财经大学学报, 2014 (9): 81 - 91.

[36] 雷社平, 何音音. 我国环保投资与经济增长的回归分析 [J]. 西北工业大学学报·社会科学版, 2010 (2): 20 - 22.

[37] 李虹, 娄雯, 田马飞. 企业环保投资、环境管制与股权资本成本——来自重污染行业上市公司的经验证据 [J]. 审计与经济研究, 2016 (2): 71 - 80.

[38] 李强, 冯波. 企业会"低调"披露环境信息吗? ——竞争压力下企业环保投资与环境信息披露质量关系研究 [J]. 中南财经政法大学学报, 2015 (4): 141 - 148.

[39] 李强, 田双双, 刘佟. 高管政治网络对企业环保投资的影响——考虑政府与市场的作用 [J]. 山西财经大学学报, 2016 (3): 90 - 99.

[40] 李善民, 赵晶晶, 刘英. 行业机会、政治关联与多元化并购 [J]. 中大管理研究, 2009 (4): 1 - 17.

[41] 李善民, 朱滔. 多元化并购能给股东创造价值吗? [J]. 管理世界, 2006 (3): 129 - 137.

[42] 李维安, 王鹏程, 徐业坤. 慈善捐赠、政治关联与债务融资——民营

企业与政府的资源交换行为［J］. 南开管理评论, 2015 (1)：4 – 14.

［43］李永波. 多维视角下的企业环境行为研究［J］. 中央财经大学学报, 2013 (11).

［44］李月娥, 李佩文, 董海伦. 产权性质、环境规制与企业环保投资［J］. 中国地质大学学报 (社会科学版), 2018 (6)：36 – 49.

［45］李增泉, 余谦, 王晓坤. 掏空、支持与并购重组——来自我国上市公司的经验证据［J］. 经济研究, 2005 (1)：95 – 105.

［46］连军, 刘星, 杨晋渝. 政治联系、银行贷款与公司价值［J］. 南开管理评论, 2011 (5)：48 – 57.

［47］刘汉霞. 我国权力寻租影响因素的实证研究［M］. 北京：法律出版社, 2012.

［48］刘慧龙, 张敏, 王亚平, 等. 政治关联、薪酬激励与员工配置效率［J］. 经济研究, 2010 (9)：109 – 121.

［49］刘伟明. 中国的环境规制与地区经济增长研究［D］. ［博士学位论文］. 复旦大学, 2012.

［50］柳青, 蔡莉. 新企业资源开发过程研究回顾与框架构建［J］. 外国经济与管理, 2010 (2)：9 – 15.

［51］卢峰, 姚洋. 金融压抑下的法治、金融发展和经济增长［J］. 中国社会科学, 2004 (1)：42 – 55.

［52］卢现祥. 我国转型时期腐败问题的制度经济学思考［J］. 湖北行政学院学报, 2002 (1)：15 – 19.

［53］陆旸, 郭路. 环境库兹涅茨倒 U 形曲线和环境支出的 S 型曲线：一个新古典增长框架下的理论解释［J］. 世界经济, 2008 (12)：82 – 92.

［54］逯元堂, 王金南, 吴舜泽, 等. 中国环保投资统计指标与方法分析［J］. 中国人口·资源与环境, 2010 (S2)：96 – 99.

［55］路晓燕, 林文雯, 张敏. 股权性质、政治压力和上市公司环境信息披露——基于我国重污染行业的经验数据［J］. 中大管理研究, 2012 (4)：114 – 136.

［56］罗党论, 赖再洪. 什么影响了公司的环境披露？［J］. 当代经济管理, 2015 (8)：17 – 25.

［57］罗党论, 赖再洪. 重污染企业投资与地方官员晋升——基于地级市

1999—2010 年数据的经验证据 [J]. 会计研究, 2016 (4): 42 – 48.

[58] 罗党论, 刘晓龙. 政治关系、进入壁垒与企业绩效——来自中国民营上市公司的经验证据 [J]. 管理世界, 2009 (5): 97 – 106.

[59] 罗党论, 甄丽明. 民营控制、政治关系与企业融资约束——基于中国民营上市公司的经验证据 [J]. 金融研究, 2008 (12): 164 – 178.

[60] 罗珉. 组织间关系理论研究的深度与解释力辨析 [J]. 外国经济与管理, 2008 (1): 23 – 30.

[61] 罗友花. 资源分类研究: "三三制" 模型 [J]. 经济研究导刊, 2009 (3): 206 – 208.

[62] 马文超, 唐勇军. 省域环境竞争、环境污染水平与企业环保投资 [J]. 会计研究, 2018 (8): 72 – 79.

[63] 穆泉, 张世秋. 中国 2001—2013 年 PM2.5 重污染的历史变化与健康影响的经济损失评估 [J]. 北京大学学报 (自然科学版), 2015 (4): 694 – 706.

[64] [美] 诺思. 制度、意识形态和经济绩效 [M] // [美] 道恩, 等. 发展经济学的革命. 黄祖辉, 蒋文华, 译. 上海: 上海人民出版社, 2000.

[65] 潘红波, 夏新平, 余明桂. 政府干预、政治关联与地方国有企业并购 [J]. 经济研究, 2008 (4): 41 – 52.

[66] 彭峰, 李本东. 环境保护投资概念辨析 [J]. 环境科学与技术, 2005 (3): 72 – 74.

[67] 彭海珍, 任荣明. 环境政策工具与企业竞争优势 [J]. 中国工业经济, 2003 (7): 75 – 82.

[68] 彭红枫, 张韦华, 张晓. 银行关系、政治关联与信贷资源配置效率——基于我国上市公司的实证分析 [J]. 当代经济科学, 2014 (5): 52 – 60.

[69] 阮景芬. 工业经济发展促进环保投资增长的实证研究 [J]. 经营与管理, 2016 (7): 93 – 95.

[70] [美] 萨缪尔森, 诺德豪斯. 经济学 [M]. 16 版. 萧琛, 译. 北京: 华夏出版社, 1999.

[71] 沈红波, 谢越, 陈峥嵘. 企业的环境保护、社会责任及其市场效应——基于紫金矿业环境污染事件的案例研究 [J]. 中国工业经济, 2012 (1): 141 – 151.

[72] 沈洪涛, 马正彪. 地区经济发展压力、企业环境表现与债务融资

［J］．金融研究，2014（2）：153－166．

［73］沈满洪，何灵巧．外部性的分类及外部性理论的演化［J］．浙江大学学报（人文社会科学版），2002（1）：152－160．

［74］沈奇泰松，葛笑春，宋程成．合法性视角下制度压力对 CSR 的影响机制研究［J］．科研管理，2014（1）：123－130．

［75］沈宇峰，徐晓东．制度环境、政治关联与企业环保投资——来自 A 股上市公司的经验证据［J］．系统管理学报，2019（3）：415－428．

［76］孙早，刘坤．政企联盟与地方竞争的困局［J］．中国工业经济，2012（2）：5－15．

［77］唐国平，李龙会，吴德军．环境管制、行业属性与企业环保投资［J］．会计研究，2013（6）：83－89．

［78］唐国平，李龙会．股权结构、产权性质与企业环保投资——来自中国 A 股上市公司的经验证据［J］．财经问题研究，2013（3）：93－100．

［79］唐国平，李龙会．企业环保投资结构及其分布特征研究——来自 A 股上市公司 2008—2011 年的经验证据［J］．审计与经济研究，2013（4）：94－103．

［80］唐国平，倪娟，何如桢．地区经济发展、企业环保投资与企业价值——以湖北省上市公司为例［J］．湖北社会科学，2018（6）：93－99．

［81］唐丽均．环境导向的企业与政府的行为博弈分析［J］．中小企业管理与科技旬刊，2010（1）：65－66．

［82］唐勇军，夏丽．环保投入、环境信息披露质量与企业价值［J］．科技管理研究，2019（10）：256－264．

［83］陶岚，刘波罗．基于新制度理论的企业环保投入驱动因素分析——来自中国上市公司的经验证据［J］．中国地质大学学报（社会科学版），2013（6）：46－53．

［84］田利辉，张伟．政治关联影响我国上市公司长期绩效的三大效应［J］．经济研究，2013（11）：71－86．

［85］万莉，罗怡芬．企业社会责任的均衡模型［J］．中国工业经济，2006（9）：117－124．

［86］汪伟，史晋川．进入壁垒与民营企业的成长——吉利集团案例研究［J］．管理世界，2005（4）：132－140．

[87] 汪洋, 屠梅曾, 张琚逦. 我国环保投资结构分类的修正 [J]. 环境保护, 1999 (9): 40 - 41.

[88] 王兵, 吕梦, 苏文兵. 政治关联与企业涉诉风险 [J]. 财贸研究, 2019 (2): 74 - 87.

[89] 王金南. 排污收费理论学 [M]. 中国环境科学出版社, 1997.

[90] 王乐, 田高良, 何畅. 政治关联、盈余管理方式选择对 ST 公司 "摘帽" 的影响 [J]. 经济管理, 2019 (4): 23 - 39.

[91] 王书斌, 徐盈之. 环境规制与雾霾脱钩效应——基于企业投资偏好的视角 [J]. 中国工业经济, 2015 (4): 18 - 30.

[92] 王晓燕, 俞峰, 钟昌标. 研发国际化对中国企业创新绩效的影响——基于 "政治关联" 视角 [J]. 世界经济研究, 2017 (3): 78 - 86.

[93] 王怡. 环境规制有关问题研究 [D]. [博士学位论文]. 西南财经大学, 2008.

[94] 王艺明, 刘一鸣. 慈善捐赠、政治关联与私营企业融资行为 [J]. 财政研究, 2018 (6): 54 - 69.

[95] 王勇, 李建民. 环境规制强度衡量的主要方法、潜在问题及其修正 [J]. 财经论丛 (浙江财经大学学报), 2015 (5): 98 - 106.

[96] 王云, 李延喜, 马壮, 等. 媒体关注、环境规制与企业环保投资 [J]. 南开管理评论, 2017 (6): 83 - 94.

[97] 王珍义, 何胡琴, 苏丽. 政治关联、进入壁垒与中小高新技术企业技术创新 [J]. 华东经济管理, 2014 (3): 114 - 119.

[98] 王志亮, 张彤. 企业环境行为的制度动因与监管路径研究 [J]. 人力资源管理, 2016 (1): 197 - 198.

[99] 魏江, 寿柯炎, 冯军政. 高管政治关联、市场发育程度与企业并购战略——中国高技术产业上市公司的实证研究 [J]. 科学学研究, 2013 (6): 856 - 863.

[100] 温忠麟, 侯杰泰, 张雷. 调节效应与中介效应的比较和应用 [J]. 心理学报, 2005 (2): 268 - 274.

[101] 邬爱其, 金宝敏. 个人地位、企业发展、社会责任与制度风险: 中国民营企业家政治参与动机的研究 [J]. 中国工业经济, 2008 (7): 141 - 150.

[102] 吾买尔江·艾山, 史丹丹, 郑惠. "一带一路" 背景下企业海外收

入与——基于政治关联的调节作用［J］. 软科学，2019（5）：71－76＋91.

［103］吴海民. 市场关系、交易成本与实体企业"第四利润源"——基于 2007—2011 年 370 家民营上市公司的实证研究［J］. 中国工业经济，2013（4）：107－119.

［104］吴骏，李娅，林润辉，等. 风险投资声誉、政治关联与被投资企业绩效——来自中国上市公司的证据［J］. 科学学与科学技术管理，2018（10）：41－50.

［105］吴舜泽. 中国环境保护投资研究［M］. 北京：中国环境出版社，2014.

［106］吴文锋，吴冲锋，刘晓薇. 中国民营上市公司高管的政府背景与公司价值［J］. 经济研究，2008（7）：130－141.

［107］吴周利，邓建平，曾勇. 政治关联民营企业并购的短期财富效应研究［J］. 管理学家：学术版，2011（6）：3－17.

［108］肖欣荣，廖朴. 政府最优污染治理投入研究［J］. 世界经济，2014（1）：106－119.

［109］徐辉，刘继红，张大伟，等. 中国经济增长中的环保投资贡献的实证分析［J］. 统计与决策，2012（13）：126－129.

［110］许年行，江轩宇，伊志宏，等. 政治关联影响投资者法律保护的执法效率吗？［J］. 经济学（季刊），2013（2）：373－406.

［111］严密. 引入制度变量的信息福利函数分析［J］. 图书与情报，2009（3）：41－45.

［112］杨竟萌，王立国. 我国环境保护投资效率问题研究［J］. 当代财经，2009（9）：20－25.

［113］杨瑞龙，王元，聂辉华. "准官员"的晋升机制：来自中国央企的证据［J］. 管理世界，2013（3）：23－33.

［114］姚圣，梁昊天. 政治关联与地方环境质量——基于政治均衡的理论视角［J］. 华东经济管理，2015（2）：41－46.

［115］姚圣. 政治关联、环境信息披露与环境业绩——基于中国上市公司的经验证据［J］. 财贸研究，2011（4）：78－85.

［116］叶会，李善民. 企业并购理论综述［J］. 金融经济学研究，2008（1）：115－128.

[117] 尤济红, 王鹏. 环境规制能否促进 R&D 偏向于绿色技术研发? ——基于中国工业部门的实证研究 [J]. 经济评论, 2016 (3): 26 – 38.

[118] 游家兴, 徐盼盼, 陈淑敏. 政治关联、职位壕沟与高管变更——来自中国财务困境上市公司的经验证据 [J]. 金融研究, 2010 (4): 128 – 143.

[119] 于蔚, 汪淼军, 金祥荣. 政治关联和融资约束: 信息效应与资源效应 [J]. 经济研究, 2012 (9): 125 – 139.

[120] 余明桂, 回雅甫, 潘红波. 政治联系、寻租与地方政府财政补贴有效性 [J]. 经济研究, 2010 (3): 65 – 77.

[121] 余明桂, 李文贵, 潘红波. 民营化、产权保护与企业风险承担 [J]. 经济研究, 2013 (9): 112 – 124.

[122] 余明桂, 潘红波. 政治关系、制度环境与民营企业银行贷款 [J]. 管理世界, 2008 (8): 9 – 21.

[123] 袁建国, 后青松, 程晨. 企业政治资源的诅咒效应——基于政治关联与企业技术创新的考察 [J]. 管理世界, 2015 (1): 139 – 155.

[124] 原毅军, 耿殿贺. 环境政策传导机制与中国环保产业发展——基于政府、排污企业与环保企业的博弈研究 [J]. 中国工业经济, 2010 (10): 65 – 74.

[125] 原毅军, 孔繁彬. 中国地方财政环保支出、企业环保投资与工业技术升级 [J]. 中国软科学, 2015 (5): 139 – 148.

[126] 翟华云, 普微. 环境保护的投资价值分析——以资本市场巨潮、泰达环保指数为例 [J]. 商业时代, 2012 (31): 65 – 66.

[127] 张功富. 政府干预、环境污染与企业环保投资——基于重污染行业上市公司的经验证据 [J]. 经济与管理研究, 2013 (9): 38 – 44.

[128] 张红凤, 张细松. 环境规制理论研究 [M]. 北京: 北京大学出版社, 2012.

[129] 张惠忠. "民营企业" 概念辨析 [J]. 上海统计, 2001 (3): 25 – 27.

[130] 张坤民. 中国环境保护投资报告 [M]. 北京: 清华大学出版社, 1993.

[131] 张嫚. 环境规制约束下的企业行为 [D]. [博士学位论文]. 东北财经大学, 2005.

[132] 张平淡, 朱松, 朱艳春. 环保投资对中国 SO_2 减排的影响——基于 Lmdi 的分解结果 [J]. 经济理论与经济管理, 2012 (7): 84 – 94.

[133] 张书军，苏晓华. 资源本位理论：演进与衍生 [J]. 管理学报，2009（11）：1555－1562.

[134] 张维迎. 企业寻求政府支持的收益、成本分析 [J]. 新西部，2001（8）：55－56.

[135] 张雯，张胜，李百兴. 政治关联、企业并购特征与并购绩效 [J]. 南开管理评论，2013（2）：64－74.

[136] 张五常. 经济解释：张五常经济论文选 [M]. 易宪容，张卫东，译. 北京：商务印书馆，2000.

[137] 章泉. 环境管制和经济增长：财政体制变迁及工具选择 [D]. [博士学位论文]. 中国人民大学，2009.

[138] 赵娟. 寻租与寻租理论 [J]. 经济界，2006（2）：78－84.

[139] 赵奇伟，吴双. 企业政治关联、不透明度与跨国并购绩效——基于投资者视角的微观证据 [J]. 国际贸易问题，2019（3）：26－40.

[140] 赵霄伟. 分权体制背景下地方政府环境规制与地区经济增长——理论、证据与政策 [M]. 北京：经济管理出版社，2014.

[141] 赵毅，许杨杨. 公众关注、行业竞争与环境信息披露水平——基于沪市制造业的实证经验 [J]. 财会通讯，2016（9）：78－80.

[142] [日] 植草益. 微观规制经济学 [M]. 朱绍文，等，译. 北京：中国发展出版社，1992.

[143] 周霖，蔺楠. 政治关联、风险投资与企业慈善 [J]. 山西财经大学学报，2018（1）：68－82.

[144] 朱雨辰，张凌方. 民营企业政治关联及其经济后果研究综述 [J]. 金融经济，2017（4）：88－90.

[145] Aboody, D., Johnson, N. B., Kasznik, R. *Employee Stock Options and Future Firm Performance：Evidence From Option Repricings* [J]. Journal of Accounting & Economics, 2010, 50（1）：74－92.

[146] Acemoglu, D., Johnson, S., Kermani, A. et al. *The Value of Connections in Turbulent Times：Evidence From the United States* [J]. Journal of Financial Economics, 2016, 121（2）：368－391.

[147] Agrawal, A., Knoeber, C. R. *Do some Outside Directors Play a Political Role?* [J]. Journal of Law & Economics, 2001, 44（1）：179－198.

［148］Allen, F., Qian, J., Qian, M. *Law, Finance, and Economic Growth in China* ［J］. Journal of Financial Economics, 2002, 77 (1): 57 − 116.

［149］Amit, R., Schoemaker, P. J. H. *Strategic Assets and Organizational Rent* ［J］. Strategic Management Journal, 1993, 14 (1): 33 − 46.

［150］Ang, J., Boyer, C. *Finance and Politics: The Wealth Effects of Special Interest Group Influence During the Nationalisation and Privatisation of Conrail* ［J］. Cambridge Journal of Economics, 2007, 31 (2): 193 − 215.

［151］Ansoff, H. L. *The Emerging Paradigm of Strategic Behavior* ［J］. Strategic Management Journal, 1987, 8 (Nov/Dec): 501 − 515.

［152］Antonietti, R., Marzucchi, A. *Green Tangible Investment Strategies and Export Performance: A Firm-Level Investigation* ［J］. Ecological Economics, 2014, 108: 150 − 161.

［153］Arora, S., Gangopadhyay, S. *Toward a Theoretical Model of Voluntary Overcompliance* ［J］. Journal of Economic Behavior & Organization, 1995, 28 (3): 289 − 309.

［154］Arouri, M. E. H., Caporale, G. M., Rault, C. et al. *Environmental Regulation and Competitiveness: Evidence From Romania* ［J］. Ecological Economics, 2012, 81 (5): 130 − 139.

［155］Barney, J. *Firm Resource and Sustained Competitive Advantage* ［J］. Journal of Management, 1991, 17 (1): 99 − 120.

［156］Barney, J. *Gaining and Sustaining Competitive Advantage* ［M］. New York: Pearson Education Inc., 2002.

［157］Bartels, L. M., Brady, H. E. *Economic Behavior in Political Context* ［J］. American Economic Review, 2003, 93 (93): 156 − 161.

［158］Bator, F. M. *The Anatomy of Market Failure* ［J］. Quarterly Journal of Economics, 1958, 72 (3): 351 − 379.

［159］Baumol, W. J., Oates, W. E. *The Theory of Environmental Policy* ［M］. New York: Cambridge University Press, 1988.

［160］Bhagwati, J. N. *Directly Unproductive, Profit-Seeking (Dup) Activities* ［J］. Journal of Political Economy, 1982, 90 (5): 988 − 1002.

［161］Boubakri, N., Cosset, J. C., Saffar, W. *Political Connections of Newly*

Privatized Firms [J]. Journal of Corporate Finance, 2008, 14 (5): 654 –673.

[162] Brännlund, R. , Löfgren, K. G. *Emission Standards and Stochastic Waste Load* [J]. Land Economics, 1996, 72 (2): 218 –230.

[163] Buchanan, J. B. *Rent Seeking and Profit Seeking*, In Buchanan J. B. et, al. Toward a Theory of The Rent-seeking Society [M]. College Station, TX: Texas A & M University Press, 1980.

[164] Buchanan, J. , Stubblebine, W. C. *Externality* [J]. Economica, 1962, 29 (116): 371 –384.

[165] Charumilind, C. , Kali, R. , Wiwattanakantang, Y. *Connected Lending*: *Thailand Before the Financial Crisis* [J]. Journal of Business, 2002, 79 (1): 181 – 218.

[166] Chen, J. , Dickson, B. J. *Allies of the State*: *Democratic Support and Regime Support Among China's Private Enterpreneurs* [J]. China Quarterly, 2008, 196 (196): 780 –804.

[167] Chen, S. , Sun, Z. , Tang, S. et al. *Government Intervention and Investment Efficiency*: *Evidence From China* [J]. Journal of Corporate Finance, 2011, 17 (2): 259 –271.

[168] Claessens, S. , Feijen, E. , Laeven, L. *Political Connections and Preferential Access to Finance*: *The Role of Campaign Contributions* [J]. Journal of Financial Economics, 2008, 88 (3): 554 –580.

[169] Clapham, J. H. *Of Empty Economic Boxes* [J]. Economic Journal, 1922, 32 (127): 305 –314.

[170] Coase, R. H. *The Problem of Social Cost* [J]. Journal of Law & Economics, 1960, 3 (Oct): 1 –44.

[171] Davis, O. A. , Whinston, A. *Externalities*, *Welfare*, *and the Theory of Games* [J]. Journal of Political Economy, 1962, 70 (3): 241 –262.

[172] Dickson, B. J. *Red Capitalists in China*: *The Party*, *Private Entrepreneurs*, *and Prospects for Political Change* [J]. New York: Cambridge University Press, 2003.

[173] Dickson, B. J. *Integrating Wealth and Power in China*: *The Communist Party's Embrace of the Private Sector* [J]. China Quarterly, 2007, 192 (192):

827 – 854.

［174］ Dollinger, M. J. *Entrepreneurship*: *Strategies and Resources* ［M］. Boston: Mass Irwin, 1995.

［175］ Eliste, P. , Fredriksson, P. G. *Does Trade Liberalisation Cause a Race to the Bottom in Environmental Policies? A Spatial Econometric Analysis* ［M］ //Anselin L. , Florax R. （eds. ）. New Advances in Spatial Econometrics. Berlin: Springer-Verlag, 2001.

［176］ Ellis, H. S. , Fellner, W. *External Economies and Diseconomies* ［J］. American Economic Review, 1943, 33 （3）: 493 – 511.

［177］ Evans, P. *Embedded Autonomy*: *States and Industrial Transformation* ［M］. Princeton, New Jersey: Princeton University Press, 1995.

［178］ Faccio, M. *Politically Connected Firms* ［J］. American Economic Review, 2006, 96 （1）: 369 – 386.

［179］ Faccio, M. *Differences Between Politically Connected and Nonconnected Firms*: *A Cross-Country Analysis* ［J］. Financial Management, 2010, 39 （3）: 905 – 928.

［180］ Faccio, M. , Masulis, R. W. , Mcconnell, J. J. *Political Connections and Corporate Bailouts* ［J］. Social Science Electronic Publishing, 2006, 61 （6）: 2597 – 2635.

［181］ Fan, J. P. H. , Wong, T. J. , Zhang, T. *Politically Connected Ceos*, *Corporate Governance*, *and the Post-Ipo Performance of China's Newly Partially Privatized Firms* ［J］. Journal of Financial Economics, 2007, 84 （2）: 330 – 357.

［182］ Farashahi, M. , Hafsi, T. *Strategy of Firms in Unstable Institutional Environments* ［J］. Asia Pacific Journal of Management, 2009, 26 （4）: 643 – 666.

［183］ Farzin, Y. H. , Kort, P. M. *Pollution Abatement Investment When Environmental Regulation is Uncertain* ［J］. Journal of Public Economic Theory, 2000, 2 （2）: 183 – 212.

［184］ Ferguson, T. , Voth, H. J. *Betting On Hitler*: *The Value of Political Connections in Nazi Germany* ［J］. Quarterly Journal of Economics, 2008, 123 （1）: 101 – 137.

［185］ Ferreira, M. S. D. C. , Azevedo, D. M. D. , Fernandes, R. L. et al.

The Diffusion of Environmental Management Standards in Europe and in the United States: *An Institutional Perspective* [J]. Policy Sciences, 2002, 35 (1): 91 – 119.

[186] Fisman, R. *Estimating the Value of Political Connections* [J]. American Economic Review, 2001, 91 (4): 1095 – 1102.

[187] Fisman, R. , Wang, Y. *The Mortality Cost of Political Connections* [J]. Review of Economic Studies, 2015, 82 (4).

[188] Francis, B. B. , Hasan, I. , Sun, X. *Political Connections and the Process of Going Public*: *Evidence From China* [J]. Journal of International Money & Finance, 2009, 28 (4): 696 – 719.

[189] Ghoul, S. E. , Guedhami, O. , Kim, H. et al. *Corporate Environmental Responsibility and the Cost of Capital*: *International Evidence* [M]. Social Science Electronic Publishing, 2014.

[190] Goldman, E. , Rocholl, J. , So, J. *Do Politically Connected Boards Affect Firm Value?* [J]. Review of Financial Studies, 2009, 22 (6): 2331 – 2360.

[191] Gray, R. , Bebbington, J. , Walters, D. *Accounting for the Environment* [M]. London: Sage Pubns, 2009.

[192] Gray, W. B. , Shadbegian, R. J. *Pollution Abatement Costs, Regulation, and Plant-Level Productivity* [R]. Nber Working Paper, 1995.

[193] Hartl, R. F. *Optimal Acquisition of Pollution Control Equipment Under Uncertainty* [J]. Management Science, 1992, 38 (5): 609 – 622.

[194] Helland, E. , Sykuta, M. *Regulation and the Evolution of Corporate Boards*: *Monitoring, Advising, Or Window Dressing?* [J]. Journal of Law & Economics, 2004, 47 (1): 167 – 193.

[195] Hillman, A. J. , Keim, G. D. , Schuler, D. *Corporate Political Activity*: *A Review and Research Agenda* [J]. Journal of Management, 2004, 30 (6): 837 – 857.

[196] Jaffe, A. B. , Peterson, S. R. , Portney, P. R. et al. *Environmental Regulation and the Competitiveness of U. S. Manufacturing*: *What Does the Evidence Tell Us?* [J]. Journal of Economic Literature, 1995, 33 (1): 132 – 163.

[197] Jayachandran, S. *The Jeffords Effect* [J]. Journal of Law & Economics, 2006, 49 (2): 397 – 425.

[198] Johnson, S. , Mitton, T. *Cronyism and Capital Controls*: *Evidence From*

Malaysia [J]. Journal of Financial Economics, 2003, 67 (2): 351 – 382.

[199] Johnston, D. *Environmental R&D and the Uncertainty of Future Earnings* [J]. Journal of Accounting & Public Policy, 2012, 31 (6): 593 – 609.

[200] Jüttner, U., Wehrli, H. P. *Relationship Marketing From a Value System Perspective* [J]. International Journal of Service Industry Management, 1994, 5 (5): 54 – 73.

[201] Khwaja, A. I., Mian, A. *Do Lenders Favor Politically Connected Firms? Rent Provision in an Emerging Financial Market* [J]. Quarterly Journal of Economics, 2005, 120 (4): 1371 – 1411.

[202] Krueger, A. O. *The Political Economy of the Rent-Seeking Society* [J]. American Economic Review, 1974, 64 (3): 291 – 303.

[203] Langer, E. J. *The Illusion of Control* [J]. Journal of Personality & Social Psychology, 1975, 32 (2): 311 – 328.

[204] Leiter, A. M., Parolini, A., Winner, H. *Environmental Regulation and Investment: Evidence From European Industry Data* [J]. Ecological Economics, 2011, 70 (4): 759 – 770.

[205] Li, E. Y., Li, W., Chen, Y. et al. *Political Connections, Entry Barriers, and Firm Performance* [J]. Chinese Management Studies, 2014, 8 (3): 473 – 486.

[206] Li, H., Zhang, Y. *The Role of Managers′ Political Networking and Functional Experience in New Venture Performance: Evidence From China's Transition Economy* [J]. Strategic Management Journal, 2010, 28 (8): 791 – 804.

[207] Li, W., He, A., Lan, H. et al. *Political Connections and Corporate Diversification in Emerging Economies: Evidence From China* [J]. Asia Pacific Journal of Management, 2012, 29 (3): 799 – 818.

[208] Li, X., Liang, X. *A Confucian Social Model of Political Appointments Among Chinese Private-Firm Entrepreneurs* [J]. Academy of Management Journal, 2015, 58 (2): 592 – 617.

[209] Lin, Q., Chen, G., Wencui, D. U. et al. *Spillover Effect of Environmental Investment: Evidence From Panel Data at Provincial Level in China* [J]. Frontiers of Chinese Environmental Science & Engineering, 2012, 6 (3): 412 – 420.

［210］Ljungwall, C., Linde, M. *Environmental Policy and the Location of Foreign Direct Investment in China* ［R］. Peking University Working Paper, 2005.

［211］Lundgren, T. *A Real Options Approach to Abatement Investments and Green Goodwill* ［J］. Environmental & Resource Economics, 2003, 25 (1): 17 – 31.

［212］Malmendier, U., Tate, G. *Ceo Overconfidence and Corporate Investment* ［J］. Strategic Direction, 2006, 60 (5): 2661 – 2700.

［213］Marshall, A. *Principles of Economics* ［M］. London: Macmillan Publishers Ltd, 1920.

［214］Martin, P. R., Moser, D. V. *Managers' Green Investment Disclosures and Investors' Reaction* ［J］. Journal of Accounting & Economics, 2016, 61 (1): 239 – 254.

［215］Maxwell, J. W., Decker, C. S. *Voluntary Environmental Investment and Responsive Regulation* ［J］. Environmental & Resource Economics, 2006, 33 (4): 425 – 439.

［216］Meade, J. E. *External Economies and Diseconomies in a Competitive Situation* ［J］. Economic Journal, 1952, 62 (245): 54 – 67.

［217］Murovec, N., Erker, R. S., Prodan, I. *Determinants of Environmental Investments: Testing the Structural Model* ［J］. Journal of Cleaner Production, 2012, 37 (4): 265 – 277.

［218］Nakamura, E. *Does Environmental Investment Really Contribute to Firm Performance? An Empirical Analysis Using Japanese Firms* ［J］. Eurasian Business Review, 2011, 1 (2): 91 – 111.

［219］Oliver, C., Holzinger, I. *The Effectiveness of Strategic Political Management: A Dynamic Capabilities Framework* ［J］. Academy of Management Review, 2008, 33 (2): 496 – 520.

［220］Ollikainen, M. *Sustainable Forestry: Timber Bequests, Future Generations and Optimal Tax Policy* ［J］. Environmental & Resource Economics, 1998, 12 (3): 255 – 273.

［221］Papandreou, A. A. *Externality and Institutions* ［M］. Oxford: Clarendon Press, 1994.

［222］Pashigian, B. P. *A Theory of Prevention and Legal Defense with an Appli-*

cation to the Legal Costs of Companies [J]. Journal of Law & Economics, 1982, 25 (2): 247 – 270.

[223] Peng, M. W., Heath, P. S. *The Growth of the Firm in Planned Economies in Transition: Institutions, Organizations, and Strategic Choice* [J]. The Academy of Management Review, 1996, 21 (2): 492 – 528.

[224] Petrakis, E., Sartzetakis, E. S., Xepapadeas, A. *Environmental Regulation and Market Power* [M]. Edward Elgar Publishing, 1999.

[225] Pigou, A. C. *The Economics of Welfare* [M]. London: Macmillan Publishers Ltd., 1924.

[226] Porter, M. E., *America's Green Strategy* [J]. Scientific American, 1991, 264 (4): 168 – 171.

[227] Porter, M. E., Linde, C. V. D. *Toward a New Conception of the Environment-Competitiveness Relationship* [J]. Journal of Economic Perspectives, 1995, 9 (4): 97 – 118.

[228] Roberts, M. J., Spence, M. *Effluent Charges and Licenses Under Uncertainty* [J]. Journal of Public Economics, 1976, 5 (3): 193 – 208.

[229] Scitovsky, T. *Two Concepts of External Economies* [J]. Journal of Political Economy, 1954, 62 (2): 143 – 151.

[230] Sengupta, A. *Competitive Investment in Clean Technology and Uninformed Green Consumers* [J]. Journal of Environmental Economics & Management, 2015, 71: 125 – 141.

[231] Shleifer, A., Vishny, R. W. *Politicians and Firms* [J]. Quarterly Journal of Economics, 1994, 109 (4): 995 – 1025.

[232] Sirmon, D. G., Hitt, M. A., Ireland, R. D. *Managing Firm Resources in Dynamic Environments to Create Value: Looking Inside the Black Box* [J]. Academy of Management Review, 2007, 32 (1): 273 – 292.

[233] Sonia, B. K., Natalia, Z. *The Pollution Haven Hypothesis: A Geographic Economy Model in a Comparative Study* [R]. Working Paper, 2008.

[234] Starrett, D. A. *Fundamental Nonconvexilities in the Theory of Externality* [J]. Journal of Economic Theory, 1972, 4 (2): 180 – 199.

[235] Sun, P., Wright, M. *The Contingent Value of Corporate Political Ties*

［J］. Academy of Management Executive, 2011, 26 (3): 68 – 82.

［236］ Toyozumi, A. *The Pilot Project of the Environmental Technology Verification; Outputs to Date and Future Development* ［J］. Journal of Japan Society On Water Environment, 2007, 30.

［237］ Tullock, G. *The Welfare Costs of Tariffs, Monopolies, and Theft* ［J］. Economic Inquiry, 1967, 5 (3): 224 – 232.

［238］ Varian, H. R. *A Solution to the Problem of Externalities When Agents are Well-Informed* ［J］. American Economic Review, 1994, 84 (5): 1278 – 1293.

［239］ Walley, N., Whitehead, B. *It's Not Easy Being Green* ［J］. Harvard Business Review, 1994, 72 (3): 46 – 51.

［240］ Wang, H., Qian, C. *Corporate Philanthropy and Corporate Financial Performance: The Roles of Stakeholder Response and Political Access* ［J］. Academy of Management Journal, 2011, 54 (6): 1159 – 1181.

［241］ Wei, S. J., Wang, T. *The Siamese-Twins: Do State-Owned Banks Favor State-Owned Enterprises in China?* ［J］. China Economic Review, 2004, 8 (1), 19 – 29.

［242］ Wernerfelt, B. *A Resource View of the Firm* ［J］. Strategic Management Journal, 1984, 5 (2): 171 – 180.

［243］ Zimmerman, J. L. *Taxes and Firm Size* ［J］. Journal of Accounting & Economics, 1983, 5 (2): 119 – 149.

［244］ Zollo, M., Winter, S. G. *Deliberate Learning and the Evolution of Dynamic Capabilities* ［J］. Organization Science, 2002, 13 (3): 339 – 435.

后　记

　　本书是在我的博士论文的基础上修改完成的。这篇博士论文从初步构思、阅读文献、收集数据到最后的论文写作、修改和定稿，前后将近用了一年多的时间，这一年多的论文写作充满了艰辛，同时也不乏乐趣。

　　经过一年的基础学习之后，在导师的指导下，我开始了广泛阅读经典文献、确定毕业论文选题的旅程。在阅读了大量文献之后，我发现了一个一直都备受关注的，同时我又很感兴趣的话题，即企业环境治理。企业作为环境问题产生和解决的最重要行为主体，而与政府建立联系又是现今很多企业的经营战略，因此，在环境如此恶劣的情况下，研究政治关联与企业的环保投资行为具有重要的现实意义。在博士生涯的剩余时间里，我开始了对这个论文选题的研究，分析整理相关文献、收集我国 A 股重污染行业上市民营企业的数据，利用收集的数据完成并发表了 2 篇企业环境信息披露与银行信贷决策相关的论文。

　　在前期阅读文献和收集数据等积累的基础上，与导师反复讨论，在这个过程中论文的研究框架基本确定下来，选定了企业的环境治理行为以"政治关联—企业环保投资"为研究主线，联系地区环境规制强度与区域经济发展条件，探析政治关联对民营企业环保投资的影响及作用机制。实证分析部分主要针对以下三个问题展开：（1）政治关联如何影响民营企业环保投资规模？政府环保补助在这个过程中发挥了什么样的作用？不同高管层级的政治关联与不同政府层级的政治关联对民营企业环保投资规模的影响是否不同？（2）不同环境规制强度下，政治关联如何影响民营企业环保投资规模？（3）差异化区域经济发展水平下，政治关联与民营企业环保投资规模之间的关系将发生怎样的变化？对这几个问题的解答形成了论文的第 4、5、6 章，构成了论文的研究重点。

　　历经一年论文最终完成，这篇论文是对我博士生涯最好的检验、总结和交代。这篇论文，也即本书见证了我的成长、努力和付出，完成过程也凝结了很多人的帮助，我一直心怀感激。这三年的博士生涯中，学校"博文明理，厚德济世"的校训对我的生活和学习影响深远，一直指导着我的为人处世和对待学术的态度；感谢恩师对我的悉心指导和栽培，恩师的治学精神和做学问的态度使我终身受益，恩师之情铭感于心；感谢三年求学过程中给予我帮助的老师、同学和朋友，答疑解惑之情和热心帮助之情是我这三年间最珍贵的回忆；最后我要感谢我的家人，他们始终如一的支持是我最大的后盾，给予我一直努力向前的动力。

政治关联对企业的环保投资的影响深远，涉及面广，面临问题多，本书还存在一定的局限，对某些问题的探析不够深入具体。基于市场经济特点和主流经济理论构建企业政治关联影响环保投资的理论模型，国有企业和民营企业政治关联对企业环保投资影响机制和特点是否一致，这些问题本书均没有进行进一步的探讨。书中论及的问题，提出的政策建议，也仅是鄙人薄见，由于学力有限，书中必有不妥和疏漏之处，敬请专家、读者批评指正。